U0258703

楚尘
文化
Chu Chen

北京楚尘文化传媒有限公司 出品

西泽立卫对谈集

[日] 西泽立卫 编著

谢宗哲 译

中信出版集团 · 北京

图书在版编目（CIP）数据

西泽立卫对谈集 /（日）西泽立卫编著；谢宗哲译
. -- 北京：中信出版社，2018.8
　　ISBN 978-7-5086-8227-3

　　Ⅰ.①西… Ⅱ.①西…②谢… Ⅲ.①建筑设计－文
集 Ⅳ.①TU2-53

　　中国版本图书馆 CIP 数据核字 (2017) 第 248998 号

西泽立卫对谈集

编　　著 :［日］西泽立卫
译　　者 : 谢宗哲
出版发行 : 中信出版集团股份有限公司
　　　　　（北京市朝阳区惠新东街甲 4 号富盛大厦 2 座　邮编　100029）
承　印　者 : 北京华联印刷有限公司

开　　本 : 880mm×1240mm　1/32　　　印　　张 : 7.625　　字　　数 : 70 千字
版　　次 : 2018 年 8 月第 1 版　　　　　印　　次 : 2018 年 8 月第 1 次印刷
版贸核渝字［2012］第 068 号　　　　　广告经营许可证 : 京朝工商广字第 8087 号
书　　号 : ISBN 978-7-5086-8227-3
定　　价 : 48.00 元

图书策划 : 楚尘文化

前言

西泽立卫

这本对谈集，是针对笔者或对谈者所设计之建筑物的实际探访，而以在现场进行议论的形式所举行的对谈系列。无论哪一场对谈，都在触及该建筑物之相关议论的同时，也稍微加进了一般性的建筑议题与现代建筑之可能性的讨论。不过，这些对谈并没有特地事先设定究竟要谈些什么内容。充其量只不过是就当下所自然浮现的话题来侃侃而谈，这是我所采取的方法。试着去做了之后，除了很意外地发现整个过程相当自然之外，我也觉得相当容易进行。对我来说，能够听到对谈者们大量有魅力的意见与敏锐的批评，也是非常可贵的学习经历。对谈的场所是从位于南边［九州岛］的熊本开始到北边的青森；而时间则是从 2008 年的春天开始到 2009 年的春季为止，大致历经了整整一年来做这件事。

目录

对谈场所	设计
森山邸	西泽立卫建筑设计事务所
House A	西泽立卫建筑设计事务所
十和田市现代美术馆	西泽立卫建筑设计事务所
House N	藤本壮介建筑设计事务所
次世代木板小屋：Final Wooden House	藤本壮介建筑设计事务所
神奈川工科大学 KAIT 工房	石上纯也建筑设计事务所
鬼石多目的演艺厅	妹岛和世建筑设计事务所

五月 东京

May in Tokyo
HIROSHI HARA

原广司

于 "森山邸"

于 "House A"

将生活都市化

原　今天你可让我看到了非常有趣的住宅呢。

西泽　是吗？ 谢谢您的夸奖。

原　我最先想到的事情是，这想必和我们一直以来做建筑的方法有很大的不同吧。再怎么说，不是可以看得到外面的街道与隔壁的住家吗[笑]？ 从 House A [2006 年] 的大窗户所看到的邻家就宛如墙壁一样。森山邸 [2005 年] 也有如同住在街道当中的感觉。对于私密性之类的东西的思考，我觉得和我们存在着非常大的差异。
我们对于街道所采取的是一种封闭的态度。不过，看了西泽先生所设计的住宅之后，觉得就建筑的做法上，或许存在着某种巨大的构思的转换。

西泽　若以"封闭"或"打开"这一类的语言来说的话，那么的确是打算将它给打开的。我最早所作的住宅是一栋别墅 [weekend house，1999 年]，那也具有相当闭锁的性格。在那之后也做了几个公寓的案子，但也都不是那么地开放。而之所以会有这样的倾向，是因为所谓的公寓，是在一个建筑当中塞满房间的形式，因此无论如何就有在建筑中如何分割、房间如何排列这类问题的讨论。就像是箱子的内部该如何整理那样，在做些什么事情的过程中渐渐地变成了箱型、有封闭感的庭院，总之就是没有活力，感受到了让自己无法好好进行创作的界限。就在这样的处境之下，想到了将建筑加以拆解、分离。这一来让我感到是可以用更直接面对都市的形式来做建筑的，而在其他方面，也能感受到它具有良好的通风效果。

原　　无论是 House A 或森山邸，可以说居住者几乎是裸着身子的 [笑]，是看着周围而住在街道里的。不知道居住者方面有什么样的反应呢。

西泽　这倒是想问问森山先生呢。就住在开放性极高之住宅里的立场，森山先生，您觉得怎么样呢？

森山　现在倒是什么都不在意了呢 [笑]。

原　　完全不在意噢 [笑]。
　　　我觉得这样的居住方式很不可思议。不过从前的长屋，或许也是这样的感觉吧。可以从外面看得到生活的全部光景，居民彼此都互相认识。都市不知不觉地呈现凌乱的状态，这是从以前到现在都没有什么改变的，现在则重新就这样地试着彻底打开来看，觉得这样的凌乱或许也不错 [笑]。这个部分非常棒。似乎出现了一种全新私密性之类的东西。
　　　我虽然也认为建筑越小就必须越都市化才行，但是却未曾想过以这样

西泽立卫建筑设计事务所"森山邸"2005 年 A 栋 3F

的形式在都市中将生活给掀出来，并照着字面上的意义就那样地加以都市化。

西泽　这和原先生曾经说过的"在住宅里埋藏都市"是不一样的吗？

原　　是啊。我所想的是如何让"从周遭切取下来的住居内部世界"这件事得以成立，然而这里则是有着"总之就把全部给掀开来，并加以都市化"这个大胆的切换。而且实际上试着把它做出来之后感觉也相当不错［笑］。因为可以这么说，所以相当有趣。

西泽　虽然说是"掀出来"，不过我却未曾打算要做个没有私密性的家呢，倒不如说是想要做一个私密性丰富而舒适的住宅。只不过我所想象的"舒适"并不仅止于家的内部，而是觉得或许能感受得到周边环境，才能让整个空间变得更舒适吧。

原　　像这样实际做出来让人家看之后，对于这么开放地朝向邻家却完全没问题这件事，的确变得很容易理解。
　　　我所意识到的是，由于对外部并不怎么期待，所以主要的构思落在该如何将内部加以外部化的这个策略上。也就是"反转"的这个手法。不过，在森山邸与 House A 感受到的与其说是"反转"还不如说是"真实"。并不是将外部与内部切断或把边缘给切掉噢。虽然将建筑给打开这件事本身是虚构的［fictional］，不过在实际体验过后，却觉得这样的"真实"也很好呢。

肯定是尺寸的拿捏相当好吧。由于做得比邻家的尺寸还小，并切取出了与邻家几乎毫无任何关系之大窗户的缘故，因此我认为这并未做出风景的再构筑。整个尺寸系统真的很棒。那作为技法是可行的，同时也具备了某种逻辑。

西泽　森山邸的场合，与其说是建筑，或许还不如说更接近房间的感觉吧。不过，House A 也是这样的吗。

原　　嗯。毕竟还是很小的，不是吗？

西泽　House A 的天花板高度与窗户都做得非常大。与其说小，还不如说我是打算做出相对大一些的空间。

原　　重点是说，透出边界的意思吧［笑］。或许可以说是类似自己身体的周遭从住居渗透了出来、从建筑的境界跑到外头来。原本应该收纳在住居中的东西稍微显现出来，露出到外表来了的那种感觉。若说是小尺寸的话，虽然日本的茶室也是这样，不过感觉上茶室是被封闭起来的，与外部接触的边缘是被切掉的，因此缘故，身体的周遭并没有渗透到境界之外。

虽然建筑家未必那么了解人们该怎么样才能够住得比较好，却可以透过学习之前的案例来进行考察而学到相关经验与知识。不过，根据案例来做出"舒适"这件事，充其量也只是重复某些经验而已，任何新的经验都不可能发生。若不远离案例，不去对人类的经验、亦即新的身体周遭进行再构筑的话，那么只会尽造出些类似的建筑而已。

西泽　的确是这样的呢。

原　大家都盖些似乎很容易住的房子呢。不过总之就是不会令人感到兴奋。也就是说所有的房子都因循了前例，因此里面只有同样的生活而已。建筑家明明就该是空间与生活经验的专业者，但是在这方面却没有专业者该有的样子。所谓针对"身体周遭的新设计"，或者说试着去发掘与证明未来的可能性，这将是建筑中最重要的课题。我认为若不提出崭新的提案，那么建筑家就会失去创作建筑与阐释都市的资格。
关于所谓的新经验，我认为有各种面向，而这两个住宅或许就可以说是非常好的提案吧。

西泽　是这样吗？您太过奖了。

原　就现实上来说，在压抑天花板高度的同时，也做出了天花板非常高的场所，并且是以铁板来做，等等，虽然说若没有这样的技术，这个建筑根本无法成立。不过在那之前所作的、对于人类之经验的凝视，并且对它做出新的提案是非常重要的吧。
也就是说这里的主张是"试着打开或许会觉得更舒服"。我认为这是成功的噢。建筑变成了一个提案。而这也因此终于可以成为阐释都市之点点滴滴的基础。

西泽　说到都市，一般都容易被认为是与经验无关而复杂的、巨大的东西，不过事实并不是这样的，我认为就根本上而言，都市是基于自己的经验、实际感受的连续形成的集合体。

原　没错。不过这绝不是指身体周遭的大小，会就这样地覆盖都市全体。启发了这种新型居住方式的可能性，本身就是启发人类的生活模型、经验的模型，而这会成为都市的局部逻辑，并且也能适用于其他的地方。可以说无论是在哪里，这样的事情都是有可能发生的。
虽然建造建筑这件事是重要的，不过并不只是一味地在建造而已噢。不应该局限在该怎么建造这类讨论之上。不管是古典建筑风格的系统或现代主义的体系，都在谈要做出什么样的窗户、屋顶怎么做、墙壁怎么做，只着眼在制造方法的逻辑上，而没能好好地思考从人类的经验出发来做建筑。我所说的"建筑必须是某种偶发事件"，指的就是这件事。不好好地有系统地来记述新经验是不行的。

西泽　原来如此。所谓窗户的做法，也是作为试图创造出崭新经验的道具之一吧。

原　当然是这样的。例如，如果被问及用铁板以外的素材是否也可以做出这样的东西，那么我认为应该是办不到的。我认为那种窗户可能是想

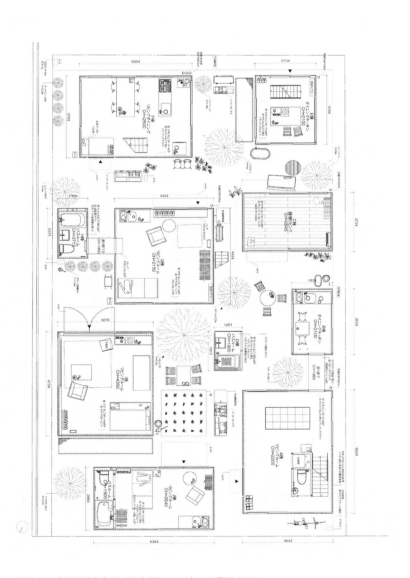

西泽立卫建筑设计事务所 "森山邸" 2005 年 1F 平面 1/150

和邻房赤裸地衔接在一起的尝试吧［笑］，如果没有这样的意识，那么就无法实现做出这种窗户的想法。

西泽　的确是这样的。从那当中浮现了制作的方法。

原　现代建筑的弱点，就在于这个本末倒置的地方。例如常见的状况是，因为那栋建筑是那样的、这栋建筑是这样的，所以就这么进行吧，简单地说就是很容易陷入追逐建筑物之系谱这种有样学样的做法。我认为必须根植于经验来进行构思才是王道。也就是说，我会认为不因循既有案例来进行构思的建筑师，才是正牌的建筑家。

被切取出来的空间图式 [1]

西泽　原先生所谓的"渗透出范围外"，是什么样的状况呢？ 虽然说感觉上隐隐约约地可以理解。

原　我认为人类是带着空间的图式而生活着的，而西泽先生则切取了那样的图式。因此，这或许可以称之为渗透出范围的方法吧。我觉得这样的图式没有被收纳进建筑里，这一点非常好。而这又和想将图式加以扩张是不一样的。

1　这里所指的是对于空间的想象与构成的轮廓。——译注

西泽 切取空间图式？

原 是的。一般建筑师的思考，不都建立在试图将人类生活的空间图式之类的东西给整理掉的逻辑之上吗。如果是这个程度的话，就能够处理得很好，一般建筑师就这么做了。我认为我们都是通过经验，然后试图将我们所带有的空间图式给妥善处理掉的这个形式来做建筑的。如果是这样的话就没问题，这不就可以住了吗之类的［笑］。不过森山邸的状况很显然采取的是切取的手法呢。

西泽 这难道不是使用了不同的空间图式吗？

原 不，我不这么认为。
渡边阳一先生［1920—1979］所设计的最低限住宅或许也是这样的，包括我在内，建筑师们都是试图把它们给处理掉的。然而，在这里却没有打算把它们给收拾掉。也许是应该让空间图式渗透出来，或者说有着就算"渗透出界线外也没有关系"这类宣言的存在吧。那是非常重要的事，而且也与离散性联结了起来。我虽然认为对建筑与都市而言，高度的离散性很重要，但是到目前为止却没有任何建筑物能让我提起这样的问题。

西泽 那这个案子可真是厉害啊。

原　　是啊［笑］。肯定是森山邸蕴藏了相当丰富之讯息的缘故吧。

西泽　在 House A 与森山邸的连续性里也有这样的特质吗？

原　　不，不是的。在 House A 里虽然也蕴含了尺寸上的问题，不过［用手指指着］，例如那棵树的隔壁放置了可泡澡的浴室、也就是说在森山邸的配置感觉中有着某种特殊性存在呢。那很明显地渗透出来，非常彻底，而成了亲近社会的、亲近都市的东西。
　　　虽然用玻璃所盖的建筑物到处都有，但是这里的使用方法似乎有点不同。

西泽　是怎么样的不同呢？

原　　应该还是尺寸的操作吧。例如，如果这个厨房再大个 30 厘米的话，那么不就是会把它给处理干净的吗。因为是这样的尺寸操作，因此从身体的周遭到邻家为止，虽然是渗透出来的，但是并不只是看得见邻家而已。

西泽　并不只是视觉上的事而已。

原　　对。虽然说是身体的周遭，不过意识也进到那里面去了。或许说成"意识的身体周遭"会更容易理解呢。
　　　柯布西耶（Le Corbusier）的模矩、泄水装置的高度要在 84 厘米、85 厘米才好之类的，我认为必然存在着以人体工学尺寸系统难以对应的所谓"身体的周遭"。讨论离散性之类的东西这件事，结果，难道不就是有关身体的周遭的讨论吗？

西泽　人类意识的扩展？

原　　没错。例如，有计算机与手机所创造出来的离散性对吧，在邻近之处随即就有了和南美乌拉圭的蒙特维提这个地方同样距离的感觉。这样的离散性不将它加以建筑化是不行的。是非得采取一种舍弃掉这类所谓"身体之周遭的形式"来加以讨论才行的。

西泽　那是作为具体建筑案例的状况吧。

原　　是的。不过那是不可能的吧。

西泽　的确是。感觉上要把那做出来是非常困难的。

原　　嗯。其实是不可能的。几乎绝大部分的思考都尽是一些办不到的事吧。不过，西泽兄试着采用了这种离散式的做法，而将我所提到的"何不在住宅里埋进都市"付诸实行，而且某种程度上做出了类似这个概念的作品。
　　若建筑家放弃了思考关于经验与距离这些事情，就是放弃了都市

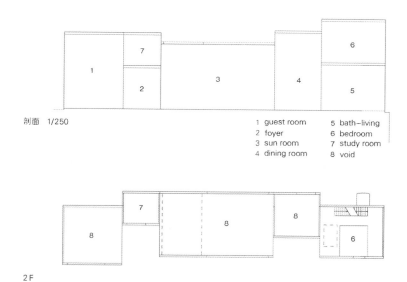

剖面 1/250

1 guest room   5 bath-living
2 foyer   6 bedroom
3 sun room   7 study room
4 dining room   8 void

2 F

1F平面 1/250

西泽立卫建筑设计事务所"House A"2006 年

吧。如果是这样的话，那么也未免太没出息了吧。

西泽　所谓的经验与距离，是指个人的感受吗？还是时代的价值观占比较大的部分呢？

原　我觉得应该是时代的价值观。柯布西耶也曾经有过许多了不起的发言，不过就那样地囫囵吞枣是不行的。和柯布西耶出发的时代相比，世界的人口已经变成了四倍之多了，而在中国与印度建造的建筑也有着相当可观的数量。若只是打算以目前的案例来进行思考的话是不行的噢。必须基于我们现在所得经验的立场来对它们做出提案是不行的。

现在，由于大家都很普遍地搭乘飞机，因此对于距离之远近的感觉正在消失当中。作为空间的专业者，由于对距离这个项目应该是具备某种宣言与主张的，因此对于这种消极的想法理当做出驳斥才对，但任谁都没法说出口。建筑家已经对都市无能为力。说得单纯一点，计算机的存在，使得建筑家失去了对都市的发言权。为了重新夺回对都市的主导权，"经验"显得格外重要。若无法将我们是如何地珍惜着经验这件事对社会说出来的话，那么就会变成只要能够盖出建筑物就算是好建筑师。那是屈辱的，而且也对不起建筑的列祖列宗。

看了在世界上所举办的竞图，会发现当中有真的建筑与假的建筑存在。我们必须能够分辨得出这个是真货、而那个是假货才行噢。就这个意义上来说，这个案子真的非常好呢。出现了真正的好东西［笑］。

"森山邸" D栋浴室

西泽　那真是太感谢了。

不控制风景

西泽　刚才您提到了"真实"这件事。

原　那或许就是最精彩的部分吧。这样的建筑我本来以为或许会是稍微带有虚构性 / 故事性的东西，不过一来"身体的周遭"就这样地流泻了出来，而且邻家也很真实地可以看得见。

西泽　是指从这里可以看得到日常生活风景的这件事情很真实吗？

原　是啊，并没有作任何加工。不去控制风景，邻居的竹林就这样地进到家里来［笑］。是这样的感觉吧。

西泽　在研究窗户之开法的时候，最初考虑到与盖在周围之住宅间的关系，而一度想过以随机的窗户配置来加以处理。就像不要对着邻家的窗户来设置，而是在面对邻家墙壁的位置上来设置窗户，我认为只要透过与周遭的关系来决定窗户的位置，外观上自然就会变得犹如随机决定般的效果。不过就在进行着这种研究的某个时候，突然开始察觉这样的做法岂不只是在玩设计游戏而已吗？借由周遭的关系来决定的这个手法就设计游戏而言或许是有趣的，不过那当中却不具有任何本质性的东西存在。因此，觉得无论是邻家的窗或墙，能够超越内与外之关系的那种超大型窗户会是比较好的。

原　我认为这个部分相当棒。我在设计京都车站［1997 年］的时候，从屋顶嵌着多面体玻璃的大厅往外看却感到一片愕然。

西泽　那是为什么呢？

原　我虽然是打算倾全力来做出好空间，但是从那里可以看得见的景象，却具有可以在一瞬间将那份成果给完全抹杀掉的破坏力。

西泽　是在城市的那一边？

原　是的。在设计 Yamamoto International 大楼的时候也曾经思考过，无论室内做得有多漂亮，从窗户可以看得到的景象所拥有的破坏力实在是太大了，因此才将玻璃加以叠合，全力地进行加工，然而西泽兄所作的建筑物却完全没有被城市造成任何破坏。这究竟是怎么一回事呢［笑］？
邻近的风景，呈现的尽是些非常矛盾的事物，或是生活的困苦、土地的狭窄这一类的欠缺状态。在西泽兄所作的住宅里，那当然也是一定会出现的噢，然而那却不具有任何破坏力。就算是大咧咧地将窗户打开，却因着制约而使得出现的近邻并不会把这个住宅给摧毁。那想必是尺寸掌握上的功劳吧。

"House A" 外观

西泽　在听到建筑并未因着近邻的风景而破坏［虽然我也这么认为］的时候，就这样的说法而言，那到底又是为什么没有被破坏呢？是因为和周遭的尺寸具有连续性的缘故吗？

原　不过我倒也不觉得很和谐就是了［笑］。

西泽　的确完全不一样呢［笑］。

原　虽然不能称得上和谐，不过倒也不能说不和谐噢［笑］。这里的尺寸与距离之类的似乎非常有效，不过就是很难说得清楚吧。

改变生活形态的庭院

西泽　虽然并不知道是否和原先生所说的新经验有关系，不过走在街道上的感想是，"庭院"本来应该是更有趣的存在才对。

原　住宅中没有庭院是不行的噢。

西泽　果然是这样的吗？

原　若没有那种可以包容"从生活中溢出来之部分"的所在，那么就住宅来说是很痛苦的。就算只有一点点，有庭院与没有庭院的丰富度真的

原广司的建筑工作团队所完成的 "实验住宅—蒙特维提 [乌拉圭]" 2004 年 [照片下方]

完全不同。就这层意义而言，我认为 House A 是一种关于庭院的非常有趣的提案方法。

西泽 或者说在于创造一种既非内部亦非外部的感觉。

原 在某种意义上算是被抽象化的庭院。我想不管什么形式都好，但是没有庭院就是不行的吧。而西泽兄的解决方案则是将收纳空间往地下延伸，而庭院则尽可能地让它有庭院的样子。
在森山邸当中，虽然也有地上堆着书而可以从街上一览无遗的房间[笑]，不过也是挺好的呢。

西泽 可以从街道上看见生活的模样[笑]。

原 或许住在里头的是把非日常视为日常，对那种 Life-Style 有自觉的人吧。连书的堆积方式都很漂亮噢。实在非常厉害呢。

西泽 那是约翰娜的房间。那个人的确很高明。因为想给人家看才堆的。

原 怎么说呢，就是不经意地裸露出来吧。

西泽 事实上，很让人意外的是内部的样子其实并不怎么看得到。开口率也很低。全栋只有墙壁全体的百分之二十左右。

原　总之就是开得很有效果吧。有没有大家一起出到这个庭院来的瞬间呢？

西泽　前一阵子住在这里的人举办了婚宴，那个时候包括亲朋好友、邻居及相识等等，不论是基地内或外都挤满了人，可以说非常厉害呢［笑］。不过，像这样挤满人潮的瞬间也只是偶尔才会有的盛况。

也许可以说因为庭院很有趣所以生活的样子有了变化，过去仅止于室内且具备完结性格的生活，感觉上因着外部与内部双方都有在使用，所以生活范围整个都产生很大的改变似的。例如要聊天的话在外部比较好，在那个位置或角落吃东西感觉上比较好吃之类的，生活会变得不只是停留在家的内部而已。

原　个别的住家似乎会决定庭院的使用范围，那究竟是怎么决定的呢？

西泽　大致上都是自然地变成了各自的庭院。用建筑来围塑出庭院，而对该庭院开放且具有出入口的基本上只设定一个住户。然而住在这里的人彼此都认识，因此可以自由地互相走到各自的庭院里去。除了有租借的行为之外，同时也可以经由他人的庭院来出入。

提示崭新的经验

原　这栋建筑，或许不用既存的概念来谈比较好呢。在提到它为什么很有新意的时候，若用古老的语言来说的话会变得难以理解。结果就会落得"和其他各种案例相较之下的确比较新"这种说法。

不管在什么场合，建筑家若无法有逻辑地说明究竟是基于什么样的理由盖出这样的房子是不行的呢。不重视这个部分而具有艺术家风格的建筑师，在打算做出新东西的时候就会乱七八糟地进行，然后只谈些材质或情感层次的事情。我认为这样的做法想必还是无法到达真正的建筑境界吧。把更社会性的、或可以谈及都市全体的某些东西加以概念化，这件事是重要的。就算是讨论类似很好住啦、豪华啦、空间的效果之类的事情，也是挺无趣的，不是吗？

西泽　我认为这是非常尖锐的指责。我也一直很在意这个部分。

80年代后半期，我还在学生时代的时候，读了原先生的文章觉得您在各方面都非常厉害，特别觉得有趣的是"电子装置"的这个字眼，非常地新鲜。意思是说电子装置虽然是机械，但却是一种连自然的概念也会因它而改变的存在。现在回想起来，那个机器所指的便是计算机。

原　　对对对。

西泽　不过那个时候，个人计算机还尚未普及。

原　　的确是还差得远呢。

西泽　那个时候计算机突然变成了建筑的问题，变成了自然与人类之感受性的问题。那种认识的崭新、言语的飞跃性跨度之巨大给了我很大的影响。

原　当时，虽然说是还没到人拿着手机边走边讲的时代，不过感觉上已经觉得接下来将会产生出什么样的经验。只要仔细地去看现在人类所体验的事情，或许就能了解崭新的经验会是什么，然后只要把它化为语言，那么也就能与设计结合在一起。

西泽　新的事情和那个时代是不一样的。

原　生活的初期条件是不一样的吧。大家各自都认为理所当然的经验就在那当中，并且变得难以从中逃脱。如果说建筑家是空间的专业者，那么肯定是能够把那样的经验究竟是怎么一回事给说清楚，不过总之就是有一定的难度。
现在已经是只要把手机给掏出来摆在眼前就仿佛置身在都市范畴里，或者说即便处在和建筑毫不相关的所在也都能够谈论都市的时代了吧。不过，也并不能说那是因为都市存在于和建筑不同的层次里。所谓机械与电子的差异，就像是物理性的身体与意识那样相互对应。

西泽　也许话题可能又会偏掉，不过在 House A 完成之后，住在附近的一位阿姨就特地对我说"明亮开朗的住宅完成了呢"。不过她并没有进到

原广司 +Atelier Phi 建筑研究所 "京都车站" 1997 年

建筑物的内部。明明就没进去过，为什么会知道是很明亮的呢［笑］？我的想法是，所谓的空间体验，并不仅止于进到里面去感受而已。住在附近的人们以日常的感觉从外侧来看 House A，而感受到了明亮与透明性。空间体验这件事，或许比建筑物本身还来得更重大吧。

原　　森山邸也是这样的呢。住在附近的人也都觉得那是很明亮的家。
　　　由于我是超现实主义的信奉者，因此并不怎么信任真实的东西。然而，今天在看了这两栋建筑后，而有了"西泽兄是信赖真实事物的人啊"的印象。当然森山邸也具有超现实的部分在，不过却让我有着信赖真实事物的感觉。

西泽　这是好事吗？

原　　应该算是好事吧。我认为很有新意啊。虽然住在附近的阿姨对你说是个明亮的家呢，然而来我自己的房子送牛奶的人却在门前目瞪口呆，说："这是什么啊？"［笑］。

西泽　那结果呢［笑］？

原　　被说很像仓库，或者说像鬼屋［笑］。森山邸和这样的东西可以说很不同噢。
　　　我最近做的住宅，由于周遭并没有什么可以干涉到住宅的东西，所以

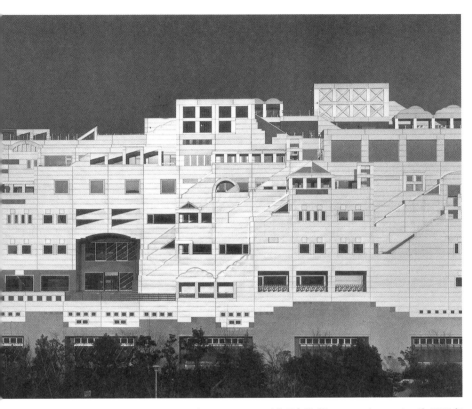

原广司 +Atelier Phi 建筑研究所 "Yamamoto International" 1986 年

很果决地做了打开的动作。那是因为我知道安全才这么做的。然而，今天所看到的这两个住宅，则是在并不知道安全或危险的状况下，总之就是把它给打开的感觉呢［笑］。我认为这是非常好的噢，不是吗？这或许不要以社会或都市的这个脉络来谈比较好吧，从几何学的角度来谈比较好。

西泽　这个部分我也很有同感。虽然也可以就都市问题的立场来谈，不过总觉得好像有什么地方不太对劲。

原　是啊。那到底是什么呢？看来不生出语言是不行的。

新的语言或概念，虽然似乎很难找得到，或许是因为无法发现而使大家都放弃了吧。欧几里得这个人是公元前 300 年左右的人，而黎曼（Riemann）则出现在 1850 年左右吧。也就是说，所有的数学家持续思考了 2000 年以上的问题，在某个时候突然开始被理解了。所以为了找出这个答案花了 2000 年。我们也带着高昂的志气，对于未来要尽可能地将探索的球投远一些，这是非常重要的。即便完成了新的住宅也不能就此觉得满足。不提出一个可以被投到遥远前方的概念是不行的。

今天所看到的两个住宅，可以得知以创造理念著称的西泽兄对于设计的态度。那是真正的"建筑的世界"噢。

西泽　对于未来做远投的动作、做出带有理念的东西，我觉得这真的是非常

"森山邸" I 栋

对谈前日，举办了结婚典礼的"森山邸"G栋屋顶平台

重要的教诲。今天能够与您谈话，真的是太棒了。对于提起崭新概念的这份志向，我也会好好继续努力的。非常感谢。

——House A参观后，于森山邸。

连接"森山邸"G 栋与 H 栋的玻璃走廊

原广司 +Atelier Phi 建筑研究所"原邸"1974 年

石上纯也　伊东丰雄　六月　青森

June in Aomori
TOYO ITO
JUNYA ISHIGAMI

于 "十和田市现代美术馆"

中庭所呈现的是开馆纪念展 "Yoko Ono 入口" 的风景 ©Yoko Ono All Rights Reserved

让·穆克：《站立的女人》，安东尼·迪欧菲友情提供，伦敦

脱离建筑的框架

西泽　今天您特地来到十和田，真的非常感谢。

伊东　因为真的很想看看十和田市现代美术馆［2008 年］，而且离开东京也可以转换一下气氛［笑］，今天真的蛮开心的。

西泽　是吗？那真是太好了。

伊东　首先想问的是关于分栋的形式。西泽先生最初以这种形式来提案的，是富弘美术馆的竞图案［2002 年］吧。

西泽　是的。我想那是我最初的尝试。

伊东　之后，虽然是以这个形式实现了森山邸，不过我想问的是究竟为什么会想到要这么做呢？

西泽　富弘美术馆的竞图案中与其说是分栋，仔细看的话会发现像是一个整体，但却又像是复数的构成这种造型，这是我当初的想法。那是借群体来成就全体，或者说将一条线加以曲折化与复杂化来做出褶缝，是一种介于单一及复数两者之间而难以判别的、看不出特定做法的建筑——我不知不觉地就朝着这个方向来想象。

至于森山邸的状况，在最初是一直以一个或两个量体的方案来做study［研究］的。用曲线来切割大量体会有什么样的效果呢？以锯齿状所组合的住户群又是怎么样呢？针对这样的想法做了study，不过无论是做了什么样的动作，都会变成在建筑量体中如何分割的那种游戏，察觉到某种封闭性与界限。因此，从某个时候开始就出现了将建筑量体全部加以分散的方案。

现在回想起来，在森山邸这个案子当中，或许有着将建筑给摧毁掉的这个意识在吧。此外，也带有在富弘美术馆竞图案时所找到的"群的造型"所曾感受到的某种可能性的成分在。

在设计着森山邸的时候，也觉得它就算不是作为集合住宅也挺好的。应该说它是一种不依存"空间计划／用途"（program）的建筑吧。例如学校、日托中心设施之类的"空间计划／用途"等等，我想到了各种其他的使用方法。建筑的使用方法不会被限定，而可以扩展到各种使用方式，我在这个方面感受到了某种可能性，而这就和十和田是联结在一起的。

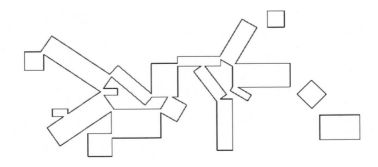

西泽立卫建筑设计事务所 "富弘美术馆竞图案" 2002 年 平面 1/3000

伊东 第一次见到森山邸的时候，它给了我某种紧张感，或者说有点令人就快窒息般的印象。一个个建筑被封闭起来的印象很强。

不过十和田却是非常开放的。在物理层次上的开放之外，具有某种余裕与大器，而让人感觉上很放松。因为体验到这个部分而松了一口气［笑］。

西泽 那是从照片上所无法理解的吗？

伊东 是啊。那是第一印象呢。

创造环境

西泽 做了森山邸与十和田的感想，是"建筑可以创造出环境"。所谓的环境，是包含了那个场所的外观与气氛，不过只是单纯地把箱子排一排是无法做出环境的。如果只是随便地排一排的话，那么就可能会变成例如郊外的卡拉 OK 货柜屋般的、非常凄凉的风景，所以十和田一案带有借由箱子的排列来创造出某种连续性，想做出如同山脉般之地景的那种意识在。

伊东 在森山邸的方体当中，有着各种个性不同的人住在里面，而生活方式也各有不同。至于十和田当中，则是在个别的方体中展示具有各种个性之艺术家的作品。对于方体的使用方法，我觉得还蛮相似的。

西泽　的确是这样呢。您说的完全没错。

伊东　在森山邸之所以觉得有某种紧张感，我想可能会是在个别方体间的关系上接收到了神经质的印象。在十和田则是"嗯，就这样吧"［笑］，做得比较大气而闲散了些。这是你设计中所带有的意图吗？

西泽　虽然我并不觉得到了"就这样吧"的地步［笑］，不过因为想达到可以同时感受都市与建筑及艺术的那种具开放性的空间这个目标，所以倒是在将它与外部的官厅街大道加以一体化的这个可能性上做了某些思考。
　　就如同伊东先生所指责的那样，在做森山邸一案的时候，的确针对各栋的关系花了很多时间思考。由于"群造型"是第一次，因此也有感到恐惧的部分。不过在进行十和田案的时候，因为已经有了森山邸的经验，因此就比较不像做森山邸的时候那样对于各栋的配置那么在意了。

伊东　换句话说，森山邸的方体虽然位于彼此那么靠近的场所里，但可以感觉得到距离。而十和田就其开放的程度而言，关系却相当亲近，感觉上人与人的距离非常靠近呢。

西泽　十和田案里，相邻的箱子内部可以看得一清二楚唷。

伊东 第一次去森山邸的时候，建筑师大成优子小姐所住的方体在打开门的瞬间，热气整个散溢出来呢［笑］。虽然说那似乎是比较冷的时期，但是与其说是空调的暖气，还不如说给了我一种仿佛她的能量之类的成分就被封闭在那当中的印象，因而让我有了"还不至于需要封闭到这个地步吧"的感想［笑］。

不过，十和田就没有这种被封闭起来的印象了。外面的风景与艺术及建筑内部，有着相当良好的关系。

既非内部也非外部的状态

伊东 在十和田案中，走廊的印象也很强。我觉得没有走廊比较好。

西泽 嗯，不过玻璃走廊是重要的主题之一噢。

伊东 没有那个是不行的吗？

西泽 如果没有那个的话，那就变成只是箱子的集合而已吧。走廊是相当重要的。

石上 我也这么觉得。

西泽 就是说啊［笑］。

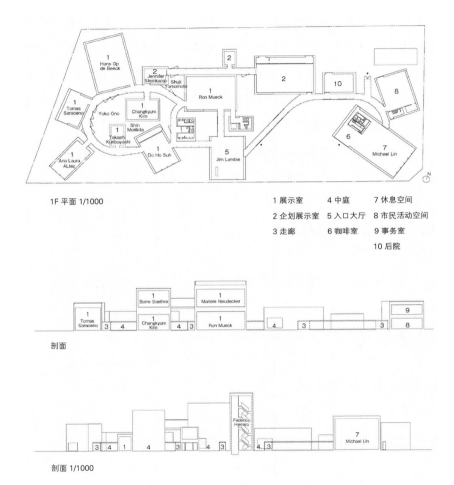

1F 平面 1/1000

1 展示室　　　4 中庭　　　7 休息空间
2 企划展示室　5 入口大厅　8 市民活动空间
3 走廊　　　　6 咖啡室　　9 事务室
　　　　　　　　　　　　　　10 后院

剖面

剖面 1/1000

西泽立卫建筑设计事务所 "十和田市现代美术馆" 2008 年

石上　因着那条走廊，感觉上西泽先生所说的"环境"被空间化了。以前，在看到弗兰克·盖里（Frank Owen Gehn）的毕尔巴鄂古根海姆美术馆（Museo Guggenheim Bilbao，1997 年）的时候，得到了建筑使外部产生了空间的印象。在十和田中也有这样的感觉。

说到森山邸究竟是怎么一回事的话，我认为是从建筑内部的视点做出来的。当然因为分栋的关系而使外部也包含在这当中，那个外部作为居住空间的一部分的外部，感觉上是处于家的内部之生活的延长线上。而十和田与其说是内侧还不如说是将主题移到外侧，而让人感觉到要在那里创造出空间的意图。一个个的箱子朝着各种方向，可以感受得到自由地将各种外部环境给取进来的意思。此外，我认为那条弯曲通路的存在，使这样的意图变得更加明确了。

伊东　不过，那条走廊，使得方体原本所带有的抽象性变稀薄了，不是吗？

石上　不把走廊与建筑物那么明确地加以分开的状况，或许就是西泽先生想做的事吧。因着这样的做法，而打算做出建筑的新造型。感觉上可以从"借四边形引导出抽象性"的这个想法中，窥见"企图运用新方法往全新抽象的向度迈进"这个意识的存在。

伊东　的确是这样的呢。不过，多少还是会给人一种"非得有这条走廊不可"的印象。

"十和田市现代美术馆"展示室与走廊所围塑的中庭。展示作品是山极满博的《我无法变成你》。

西泽　针对这一点，具体上来说是指——

伊东　在看到平面的时候，虽然觉得是漂亮的走廊，不过实际在走廊里走、从方体当中往走廊看、从屋顶往下俯瞰的时候，就觉得或许还有别的做法吧。这条以"既如同几何学般的，却又不那么几何学之造型"所弯曲而成的走廊，总让我觉得有点不对劲。然而反过来说的话，或许也是让人得以心情放松的主要原因吧。

西泽　我倒是觉得因着有这条走廊，建筑群体变得不只是分栋形式了。不过伸缩缝也很多，柱子也相当集中，因此我相当能够了解伊东先生所在意的这些问题点。

伊东　嗯。不过在抵达美术馆下车之后，随即便看到极具开放性之入口大厅的墙壁相当厚，而觉得"噢，西泽先生也有了很大的转变呢"［笑］。

西泽　那儿在表面及里面都上了玻璃，墙壁确实很厚呢。不过，从道路可以透过玻璃看见箱子的内部，而在那当中有着庭园，然后那当中更深处的箱子内部也能看见，无论如何都想做出这样的效果。

伊东　我的说法并不在于否定这样的处理［笑］，而只是觉得若是以前的西泽先生，那么或许对于墙壁的厚度会更加执着讲究的吧。透过十和田，可以说西泽先生变得开放了，或者说在各种意义上都有了变化的吧。

这栋建筑表现出了西泽先生往下个阶段前进的重要一步。我对这个案子是持肯定与正面看法的，而且也觉得很有趣。

石上 我在第一次前往森山邸的时候，在脑海中就能够描绘出整体的形象。不过，随着进到十和田的里面，却渐渐变得复杂、模糊起来。例如，不就是没办法往想去的方向走吗？明明看得到，但是无法理解该怎么样才能往那边走之类的［笑］。因着有这条走廊，所以行动很微妙地被控制，而让我觉得空间被复杂化了。我认为那是和森山邸最大的不同，创造出了许多大异其趣的多样性。

伊东 今天，有一对我们遇见无数次的加拿大夫妇在呢［笑］。而且是突然地在眼前出现，非常有趣。

西泽 是啊。箱子是以什么样的顺序来排列的，实在无法理解。就构成而言虽然是单纯的，不过因着有这条走廊，全体有着不可思议的扭曲。甚至走着走着就会回到原点。
此外，一般的美术馆，都只有看艺术作品的部分，但是十和田的场合是，可以同时观看艺术作品与外面的风景。外面的城市与官厅街大道的樱花几乎具有等值的重要地位，而给人深刻的印象。就这个意义上而言，玻璃走廊是重要的。

"十和田市现代美术馆"远景

表现在建筑上的身体性

西泽　现在回想起来，会觉得 House A 有某种转换点的味道。正确地来说，森山邸与 House A 两者都具有这样的性格。

　　　森山邸当中出现了各种问题，例如创作环境是怎么一回事，将建筑打开又是怎么一回事，庭园又是什么等等这些事情，有大半在无意识状态中跑出来，而 House A 则是建立在它们之上而变得有思考依据了。虽然说无论哪一个我都很想创造出舒服的居住空间，不过感觉上在设计过程的方法上是不一样的。在森山邸当中，我是打算透过 Planning，亦即平面计划与配置计划来创造出居住空间的，然而感觉上在做 House A 的时候就没像做森山邸时那么执着于平面与配置。

伊东　第一次去 House A 的时候，对于西泽先生做出这样的东西觉得有点意外，不过或许更该说觉得很安心呢。

西泽　之前您也是这么说的。

伊东　森山邸的居民们也都说非常好住，虽然实际上过得很快乐，但是却有着刚才所说的所谓的紧张感，或者说封闭的印象。但是在 House A 却没有这样的状况噢，感觉上反而有着类似像在十和田中所感受到的开放感。

　　　的确，建筑师很努力做出来的建筑，有时候会在某些地方变得有点封

"十和田市现代美术馆"入口大厅。地板上是 Jim Lambie 的作品 "Zobop"

闭。我自己也觉得那实在很难。即便如此，也不是说不努力就不会有这样的问题吧。这或许也是建筑有趣的所在吧。

西泽 伊东先生在设计花小金井之家［1983 年］的时候，是以做出土间 [1] 的这个方式来朝具有开放性之建筑物的目标迈进呢。

伊东 在那之前所设计的笠间之家［1981 年］，虽然本来打算做得相当开放，然而实际上在完成之后看起来却也不那么一回事。当然和中野本町之家［1976 年］比起来是已经很开放的了，不过还是很有操作性的痕迹。总之就是希望改变自己而做了多米诺住宅这个系列。花小金井之家就是在那个时期做的，因此非常有意识地做了土间。

石上 我也曾经拜访过花小金井之家，那个时候的印象与看了 House A 的时候极相近。或许该说这当中的概念是看不见的，总之就是有着无法以语言来表达的丰富性。感觉上是在微妙的渐层中所创造出来的、非常纤细的空间。当然那是带有某些意图所创造出来的，然而不知道为什么就是说不太清楚。也就因此而有着这样的丰富性吧。

1　日本传统民居中的主要空间，通常是由木造梁柱架高后的床（地板）所构成，而位于屋内的未被架高，不必脱鞋就能使用，被视为与外部空间的地板同样地位的那个空间就称之为"土间"。土间在传统民居中通常被用来作为厨房、作业空间等机能。而在今日的日本住宅中已几乎缩小成脱鞋用的玄关。——译注

伊东　同时期所做的田园调布之家 [1983 年]，做得相当漂亮噢。由于花小金井并没有那么洗练，所以我自己觉得田园调布比较好。然而在让多木浩二与坂本一成看过之后，二人都压倒性地说花小金井之家比较好呢。就如同石上所说的那样，有着无法用语言表达的空间的厚度，或者说感受到了类似浓度般的东西。由于当时负责这个住宅的妹岛和世相当努力，所以我觉得她不可思议地表现出了身体感觉。

　　　就这个意义来说，我认为今日所见到的十和田则呈现出了西泽先生的身体性。坦白说，我觉得西泽先生个人所设计的建筑虽然比起身为SANAA 所设计的东西更为明确并具有逻辑，但是却看不见身体感噢。也许我使用的言语不太恰当，不过在十和田却能够感受到"啊，原来西泽是这样的家伙啊"[笑]。

西泽　是这样的吗？

伊东　天花板有七八米高吗？

西泽　有十米呢。

伊东　咦！有这么高啊？

西泽　嗯……　[笑]。由于邻近地区有个巨大的消防署，所以觉得要和城市产生对峙效果的话，这样的尺度是必要的。不过，我倒觉得不会太高。

伊东　嗯。我也不觉得太高。因着有这么大的开口部，位于地板上的
　　　Michael Lin 作品和外面的风景也产生了相对的效果呢。如果那里稍微
　　　封闭、让艺术作品更浮上来的空间的话，那么作为休息的场所来说，
　　　或许会让人感到疲累吧。

抽象与非抽象的境界

西泽　伊东先生在仙台媒体馆 [2001 年] 以后，提到了类似否定抽象性之类
　　　的事呢。

伊东　有一段时期曾经认为不要有抽象思考或许比较好，不过实际上试着做
　　　出比较厚实的东西与不透明的东西之后，果然还是觉得若没有某种抽
　　　象性在的话，建筑是无法成立的。

西泽　这样的想法是从何时开始的呢？

伊东　例如我就认为，即便是 TOD'S 表参道大楼 [2004 年] 的立面，若玻璃
　　　面落到比混凝土更内侧的话，那么这栋建筑是不能成立的了。就因为
　　　是以混凝土这个素材来表现树木这个栩栩如生的主题的缘故，因此若
　　　无法做到能够被认知到抽象性的话就无法成立。
　　　而和西瑟·包曼 [Cecil Bolmand] 所合作的 Serpentine Gallery Pavilion
　　　[2002 年] 也是这样的，虽然抽象的层次非常有趣，但实际上完工之

后，却没有那种雕琢的很澄澈的严峻质感。在被隈研吾指出钢构材的厚度时，我虽然很在意而觉得很呕［笑］，因此可能说了"就算梁很深也没关系""管他什么抽象性啊"之类的话吧。

总而言之，就是觉得自己的思考方式也改变了呢。若就现在来想的话，我认为那是抽象思考，然而当时却打算作即物性的思考。不过因为我觉得那很有趣，所以说那是非抽象的。然后就被听到这番话的藤森照信说成"伊东已经丢掉抽象了。在介于赤派与白派的中间地带游荡"之类的八卦［笑］。

西泽 在造访伊东先生的佑天寺 T 邸［1999 年］时，从玄关虽然可以看得到支那合板，不过在一开门时就突然映进眼帘里来，真的非常漂亮。虽然明明是以合板与混凝土、折板这些非常普通的素材所建造的普通住宅，却有着某种令人难以想象它是住宅的非日常性美感的存在。可以说是抽象的或是具象的，在伊东先生的作品中一直都可以感受到这样的抽象性。

不过另一方面，伊东先生在看了森山邸之后，虽然认为是抽象的，但也表示令人感到窒息呢。

伊东 是啊［笑］。

西泽 我认为这种混合的状况很有趣。例如，我们所设计的 Dior 表参道［2003 年］您觉得如何？

伊东丰雄建筑设计事务所"花小金井之家"1983 年

伊东　虽然没有进过里面，不过那种透明度，或者说那个建筑所带有的明亮感之类的部分，就我个人来说看起来是觉得有点异常。

西泽　果然。

伊东　在 SANAA 的建筑当中，并不是我那么喜欢的作品吧。

西泽　喜欢的是哪一个呢［笑］？

伊东　金泽 21 世纪美术馆［2004 年］与其他的作品都很好啊［笑］。

西泽　我认为伊东先生对于抽象性有着非常严厉的执着。就算是在抽象性中，也很敏锐地拉出一条线，有着"这个是好的、那个是不好的"这样明确的 Yes 或 No 存在。对于抽象的或具体的这个部分，有很多人都是更粗略地来加以把握的吧。

伊东　不，就算是我也可以说是相当大而化之的噢。不过该怎么说呢，Dior 案也未免太过于金光闪闪了吧［笑］。

西泽　Dior 可是妹岛最喜欢的作品呢。附带一提的是，这栋建筑还是石上先生所负责的噢。

"十和田市现代美术馆" 咖啡室、休憩空间。地板是 Michael Lin 的作品 "untitled"。

伊东　真的吗？话说回来，藤森先生提到在妹岛的更前方有石上先生这样的
　　　人登场而觉得很安心。

石上　那是怎么一回事呢［笑］？

伊东　亦即他所说的白派，也就是往没有物质感的世界这个方向更进一步地
　　　去追求极致的人出现了的意思。

石上　与其说我是在消除物质感，倒不如说我其实比较有兴趣思考关于开放
　　　感与物质感之间的平衡呢……［笑］。

对于透明的意识

西泽　柯布西耶在初期所设计的作品是抽象的白色建筑，但是随着岁月的累
　　　积，建筑渐渐变得激烈，而各种枷锁也逐渐被解开。放弃了构架式的
　　　做法、脱下了白色的涂装、拿掉窗户的玻璃、感觉上渐渐变成了某种
　　　原始人，而在晚年则到达了如同废墟般之住宅的境界。然而在提到柯
　　　布西耶的作品时，晚年的作品当然不在话下，就算是初期的白色抽象
　　　性住宅群，也都能够强烈地感受到某种野性的，或说是丰富的生命力
　　　之类的东西。
　　　可以说柯布西耶对于活着这件事的歌颂，或是非常浓密而丰富的生命
　　　这样的东西，都已经被表现在萨瓦伊邸（Villa Savoye，1931 年）等 30

年代那时候的作品当中。每每在看到这样的东西都深受感动。

伊东　是啊。在他的透视图里，甚至还画上了在打拳击的人呢。或许那当中带有某种对于肉体的憧憬之类的东西吧。

西泽　我认为这样的肉体里，有着和现代主义所带有的那种纯粹之美毫不矛盾地存在的、非常棒的素质。

伊东　嗯。非常精彩呢。

西泽　就全体而言，甚至可以感觉到某种透明性之类的东西。

伊东　透明性？

西泽　毕竟若只是单纯的肉体或热情的话，那么在其他的地方也多的是啊。我认为柯布西耶的建筑之所以拥有丰富性，果然还是因为在某些部分有着透明性、概念性，或者说言语上的透明感之类的吧。

伊东　对我而言，最符合透明性这个字眼的，便是自己所长大的信州的空气噢。特别是天气寒冷时的空气。非常具有张力的、而让肌肤有着紧绷的感觉。由于喜欢这样的空气，所以是没办法去海边的呢［笑］。海边由于湿度很高所以空气会变得有点混浊。今天所去的十和田，空气也相当干净呢。

伊东丰雄建筑设计事务所 "仙台媒体馆" 2001 年

伊东丰雄建筑设计事务所 "TOD'S" 2004 年

西泽　是啊。十和田整个四季都是这么干净的噢。

伊东　我本身从小的时候就对于透明的东西有着很强烈的憧憬。那时候根本就没有所谓的透明的东西。就算只是带着玻璃的碎片或玉石之类的东西就觉得很高兴，用赛璐珞材质所制造的垫板与铅笔盒等等。当透明胶布面世的时候，我觉得那真的非常厉害［笑］。我可是在那样的时代长大的呢。

西泽　原来如此。

伊东　也就因为如此，会觉得在地面上爬着生活的不透明的人类为什么在看到透明的东西时会有着耸动的感觉，还抱有一份想远离地面而住在高处的憧憬，这又究竟是怎么一回事呢？

西泽　是啊，为什么会这样呢？

伊东　这我也不知道呢［笑］。我想是人类的好奇心使然吧。或许有着一股莫名的、想脱离动物性的渴望在吧。

西泽　石上先生觉得怎么样呢？

石上　我很喜欢透明啊［笑］。

西泽　不然应该是不会做出那么多玻璃温室的吧［笑］。

石上　我最近对于外部空间非常有兴趣。一般来说，由于建筑的外侧有立面，因此外部空间是由某个量感（massive）的量体所创造出来的。因此，包含着内侧空间的建筑全体性在外部是很难被表现出来的。不过，当坐车从森林的前面通过时，感觉上却能够感受得到森林的全体性。就如同这样的状况，我有着"若是可以做出那种仅仅从前面通过，就能感受得到建筑所带有的全体性的外部空间的话，那么建筑也就会有所改变吧"这样的意识存在。而对于这样的外部空间的意识，感觉上和透明性的问题是有关联的。当然那尚未能够了解得很清楚。

伊东　在进行仙台媒体馆那个案子的时候，我虽然认为或许透过创造出透明度非常高的空间就能够解决内部与外部的问题吧，但越是往那个方向逼近，就越感受到那成了一道无形的墙壁。因此我开始想，或许借由开洞的这个动作，便能真的解决掉内部与外部的问题吧。

　　在那之后，经常举的例子是如同胃袋般的、人类体内的管子。实际上，因为消化器官表面的细胞，和皮肤的细胞带有相同 DNA 的缘故，所以人类的身体内部可以说是把外部加以反转而成的。我认为这样的思考方式很有趣。

西泽　那在建筑上又是怎么被发展的呢？

伊东　仙台媒体馆是在纵向开孔的对吧。我认为若那个部位能够成为外部的话肯定很有趣呢。

根特市 [1] 文化 Forum Project［2004 年］与台中大都会歌剧院［2005 年— ］当中，打算将外部做成更加复杂地反转的内部。特别是根特案，是将它做成从各个方向来的人们都能够就那样地进入内部深处的演艺厅的缘故，因此我认为可以创造出一种与其说是在建筑内部，还不如说是犹如聆听着路边正在进行的音乐会的感觉，能够享受音乐的那种空间。

从抽象到具体的变换

石上　对于建筑，我认为图面的存在是重要的。就把握全体而言，和产品设计的那种在现场所画的图面是完全不同的。例如，产品设计的图面是以原尺寸来画的，而建筑则是以各种尺度作反复的论证来操作的。是感受着平面图所成立的空间与实际上逐渐盖出来的空间的微妙差异来进行设计的。

伊东　也就是说，这或许并不该称之为建筑的抽象性吧。我认为汽车的设计里就没有抽象这个概念。

石上　啊，那我可以理解。最近，有人只以 3D 软件来做建筑设计，我觉得

1　位于比利时弗拉芒区。——译注

伊东丰雄建筑设计事务所"佑天寺 T 邸"1999 年

SANAA "Dior 表参道" 2003 年

SANAA "金泽 21 世纪美术馆" 2004 年

那是非常具体的做法。并没有以平面图进行论证的过程，而突然地直接盖成 3D 的样子，在某些地方有着原始的感觉。不过我认为这样的做法比起在 2D 与 3D 的不同次元之间的来来去去，或许会比较缺乏多面向的见解吧。例如，感觉上与自主造屋那种非常具体的世界相当接近。没有在抽象层次中进行论证，而突然一口气就盖起来，我个人觉得有那么一点将开放的世界给限制住了。

西泽　这些 3D 软件，的确有着不可思议的具体性呢。

石上　我认为所谓的建筑有着很大的省略。例如在造一道墙的时候，会有一种这样的印象：只要决定 A 点与 B 点的话，那么这两者之间在某种程度上便可以一口气把它做起来。并不是说那不好，而是觉得那当中会与建筑所带有的抽象性联结在一起。我认为这个 A 与 B 之间包含着非常复杂的判断在里面。而那就像建筑师的想象力或直觉之类，总之，将非常大量的信息加以抽象化并推导出某个答案，感觉上存在着透过这样的判断创造出的深奥世界呢。

西泽　3D 软件就没有这样的想象力呢。

石上　相较于所谓的抽象式判断，一般来说，感觉上是各种事情都能够更具体地来决定。决定汽车形体曲率的，或许是基于没有省略动作与抽象化的具体判断吧。

伊东 以前，坂本一成曾经说过，作曲家作曲的这个行为是非常抽象的东西，不过当演奏家在演奏的时候，这个抽象就会转变成具体。就这个意义上来说，车子的设计可以说从一开始就只关注着演奏家的。

西泽 没有抽象化的过程。

伊东 嗯。设计汽车的工程技师虽然也经常使用 concept 的这个字眼，感觉上并不怎么去思考在建筑领域中所提到的概念之类的东西。

西泽 或许真的是这样。看了汽车的 CM 后，会发现是家庭全员搭乘、买东西时也相当便利等这类事情都成了概念。真的相当具体呢。

现在的话题真的非常有趣。而建筑当中所谓的抽象层次、概念层次这些东西是无法闪避的。那或许也可以视为某种不自由与制约，不过我个人却认为，倒不如说就因为有这样的条件，才让建筑的丰富度这样的东西可以同时产生啊。

建筑的崭新文法

石上 想请教一下西泽兄的看法，森山邸全体不是以白色来加以整合的吗？虽然在箱子量体的处理上是分散而自由的，不过为了要创造出全体性而把外观全部刷白。我也了解这样的心情。不过，感觉上内侧似乎并不一定非得弄成白色的，不是吗？

石上纯也建筑设计事务所"威尼斯建筑双年展日本馆 Extreme Nature" 2008 年

西泽　其实我曾经想过完全相反的做法。让内部是白色的，而外侧反而不施
　　　白色涂装也是可以的吧。在原设计中的外观并不是白色的，而是思考
　　　是否能以铁的银色来作为最后的装修面。然而并没有好的方法，结果
　　　未能够实现。与其只是白色，倒不如说更希望以不上任何涂装的铁、
　　　铝、混凝土这些素材来进行组装。

石上　我也这么认为。不过，若像理查德·塞拉（Richard Serra）的作品那样，
　　　只用铁这个素材本身来做建筑的话则又太过于强烈。我认为铁这个素
　　　材感会过度地成为决定空间质感的极大要因。感觉上这个限定的决定
　　　性要因与建筑的闭塞感是有关联的呢。
　　　感觉上既非只要涂成白色就好，也不是说加上质感就能让空间变得丰
　　　富。就像刚才所谈到的那样，我认为若能借由寻找开放感与物质感的
　　　平衡，而得以达成一种到目前为止所未曾在意过的抽象性的话，那就
　　　实在太好了。

伊东　借由抽象度的提升，使得建筑使用者的创造力得以拓展的这种做法肯
　　　定是有的吧。以概念来创造建筑，会提高建筑的自由度。只要实际地
　　　去体验概念的空间，就一定能够感受到在那里所存在的某种自由度之
　　　类的东西吧。

西泽　真的是这样的。任谁都会具有这样的感受力。

伊东　我认为是有的。

西泽　另一方面，我也很仔细地思考了有关古典主义的建筑。所谓的古典建筑，我认为果然是带有很多的概念。作为"物"当然也非常厉害，不过却不只是具备作为"物"的普遍性。稍微有点不安的是，思考概念这件事，若就这样继续往前突进的话，岂不就进到了古典主义的境界去了吗？

伊东　当然可以从古典主义的建筑来感觉概念，不过现在我们若做那样的东西，一来根本就做不好，二来若真的做出来了，也会变成非常无趣的东西。由于建筑的秩序是随着时代一点一滴渐渐改变过来的，因此不试着找出建筑的新秩序是不行的。我认为那或许就会与建筑的概念衔接起来。

石上　我们所追求的那份秩序，感觉上并不是像现代主义那种所有人一齐追求的目标。而是有朝着各种方向的可能性。我认为在这样的朦胧感里创造出新的平衡，就如同和新秩序联结在一起，这种做建筑的方法或许是可以办得到的吧。

伊东　的确，我也认为该追求的并不是像 20 世纪的格子系统那样任谁都会趋向前去的秩序。不过，或许那种能够改变格子系统的"工具"是目前比较具有可及性的目标吧。
神奈川工科大学 KAIT 工房［2008 年］的 Random 的柱子，虽然看起来是凭感觉做出来似的，不过在那背后，想必是存在着石上先生所创造出来的、一种眼睛所看不到的、类似原理般的东西吧。

石上　最大的目标在于不去架构在所谓"固定的几何学"之上。我认为那类似某种原理。那或许该说是由非常大量的线所构成的新环境，我认为或许可以找到那种感觉的抽象性吧。具体来说虽然有各种决定性的要因，不过就某种意义上而言，是在 entropy[1] 增大的过程中将抽象度给提高的那种感觉。

例如，森林中关于树木的配置与排列或许具有通过科学便得以阐明的原理，但是却不会给人这样的感受。那或许该称之"一次性"的自由、无常，甚或是原创性，像这样的东西在森林中是可以感受到的。姑且不论那当中是否的确具有这样的原理，我认为这个原理的目标在于每次都不确定能推导出相同答案的开放性与不可逆性。实际上，在KAIT 工房柱子的配置当中，有大量的几何学与规则是等价存在的。那是以专用的 CAD 所开发出来的。此外，同时也因为通过模型来确认，其几何学与规则会微妙地崩解。我想做的不是借由某原理来进行决策的结构，而是希望它能成为犹如悠游飘荡的空气般的环境。在这个透明的原理当中，各种不确定要素在特别自然的状态下流进来的那种 image。

1　entropy 指的是热力学函数［熵］。从热力学的角度而言，entropy 的增大所指的是自然界在某种状态下迈向混乱而失序的现象。这里所指涉的是设计发展的过程。——译注

伊东丰雄 +Andrea Blange 设计共同体 "根特市文化 Forum Project" 2004 年

伊东丰雄建筑设计事务所 "台中大都会歌剧院" 2005 年 ~

伊东 的确，走在如同森林那样的空间里是很舒服的。不过我认为那并不是把它拿来处理建筑的柱子的间隔，而是找出营造在森林中漫步时的那份舒服的人工性规则噢。

西泽 在那里，有着和欧几里得几何学所不同的某种普遍性的结构。

伊东 对。那或许可以非常单纯地来加以表现。我认为这样的普遍性原理是存在的。

西泽 与移动电话及计算机的发展并行，现在这个时代的价值观，或者说像自然之类的东西都已经出现了。我有点忘记了，似乎是在夏目漱石所写的《草枕》或是《伦敦塔》当中，读到了关于电车是"不把人类的尊严当一回事的搭乘物"的批判性文章而感到相当新鲜。的确，所谓的列车就如同是把完全不加分类的各种大小的马铃薯都装在一起运送似的，无论是行李还是人都一样，有着无论是什么都全部塞在一起运送的想法。不过，例如我在欧洲搭电车的时候，感觉是非常舒适而安静的噢，可以感受得到他们的历史与文化，反而会认为所谓的电车真是非常棒的东西。像漱石那样感受到电车这种乘坐物丑陋，我认为和我们的感觉一定有相当大的不同。对于漱石来说，虽然电车是不必要而且是极端不自然的存在，不过之后的人们在感受性上也有了极大的改变，感觉现在已经有与漱石那个时代所完全不一样的自然感出现了。

伊东　是啊。那里所说的所谓"自然"应该不是"Nature"而该是"Natural"的这个意思吧。

西泽　那或许是对于人类而言，最为自然的状态吧。使用移动电话，会同时具有为什么非得要随身带着这么复杂的器材的情绪，以及移动电话使所有的事物变得非常直接，且能够迅速传达的感想这两方面的状况，而这样的事，也是使用手机与计算机这些机械的过程，对于我们来说，感觉上像是在摸索所谓的自然吧。

伊东　藤本壮介先生举了五线谱为例，提到说想做的是将五线谱给拿掉之后所剩下的音符般的东西，不过我认为绝对有改变了五线谱、类似五线谱般的东西存在。因为在数学的世界里，有着一大堆除了欧几里得几何学以外的几何学存在。

西泽　是啊。思考住宅的时候，虽然会想到舒适、使用方便之类的事情，不过从那边再继续往上游探索，无论如何都会变成思考自己的时代的价值观是什么，以及所谓的自然是怎么一回事。因此，思考现代住宅与建筑这件事，就如同在挑战新时代的秩序、原理及价值观。在那个时候，我认为建筑也应该提示一种朝向未来的大方针，而这样的思考无疑是非常重要的。

　　　　——十和田市现代美术馆参观后，于前往东京新干线的车上。

串连"十和田市现代美术馆"的走廊

石上纯也建筑设计事务所 "神奈川工科大学 KAIT 工房" 2008 年

于 "House A"

六月 东京

伊东丰雄

June in Tokyo
TOYO ITO

于"森山邸"

很不像住宅的、丰富的住宅

西泽　伊东先生虽然已经看过森山邸与 House A 了，不过由我来亲自接待倒是第一次呢。

伊东　是啊，那两个案子都在完成后不久就前去打扰了。在探访森山邸时、走在住户与庭院之间，业主森山先生从各个窗户突然地露出脸来 [笑]，那样的存在感令人印象深刻。就像是在很远的地方，不过也有如同映像般的感觉。虽然住在这里的人们都说"住起来感觉很好噢"，生活得很快乐似的，不过这些方体都相当封闭，会感觉到这些量体之间的距离感。

　　和它相较，House A 则非常开放呢。之前，在从十和田市现代美术馆回家的路上进行讨论的时候，你提到森山邸的设计相当注意方体之间的关系性，那么 House A 你又是怎么想的呢?

西泽　House A 在最初是以"单一空间"（One-Room），或者说是以与天花板高度相当的量体的草案来进行思考的。只不过单一量体的话太过强烈，能够在当中做出切分的各个角落无法成为有魅力的空间，因此改变了做法，不是将单一量体给切成五个房间来做，而是分别做出五个房间，然后将它们给接起来，如同五星连珠般的构造。而这个构造让整个量体到处都产生了偏移，光线因而得以散播到全体。由于基地本身条件有点暗，因此觉得这样的效果很好。

伊东 就处理成"复数的方体"这个意义上来说，可以说是和森山邸具有共通点的构造。不过 House A 却有着意识不到五个方体的强烈连续感。而让人有着是以架构系统及平屋顶所构成的印象。

西泽 那当中也具有脱离方体的意识。我在设计 House A 的这个案子时，想要做出既非板结构也非箱形建筑的东西。想做的是那种既有架构系统又有箱形的那种模棱两可而难以捉摸的东西。此外，个别的房间虽然是独立的，但是也希望让它带有"单一空间"般的连续性。看起来既像是五个方体联结在一起的状态，也像是单一量体的各个部位有稍微的凸出或凹陷，换句话说主要的目标就是创造出一个介于"单一空间"与五个房间联结在一起的这两种方案之间的中间状态。

由于森山邸的经验，让我感受到了庭园的趣味所在。不过在 House A 中，基地本身并不具备能够充分设置庭园的宽裕条件。因此，想要试着稍微将庭园作为建筑上的问题来加以思考，想挑战是否能将建筑物全体处理成庭园般的感觉。在森山邸当中，量体与庭园被清楚地区别开来，庭园是将住居按栋排列之后的缝隙所产生的残余空间。因此在 House A 当中，是更积极地将庭园加以建筑化，或者说是否能将建筑与庭园一体化。此外，并不是配合周遭环境来决定窗户的位置与大小，而是决定不管邻家怎么样，总之就是要尽可能地做出大开窗。就印象而言，是打算做出既非内部亦非外部的空间。

伊东 在"日光浴室"（Sun-Room）里之所以能够觉得如此放松，或许是全

"森山邸" 庭园

体都联结在一起的缘故吧。

西泽 或许是这样的吧。最初的预定是要将厨房与日光浴室之间做出一个大一点的门，不过却在经过各种考虑之后放弃了。就结果来说，由于做出了一个巨大的"单一空间"般的、气氛松散的空间感，因此觉得还不错。

伊东 在外观上，五个方体也很明确地显现了出来。

西泽 是的。不过由于被住宅给包围住，因此外观几乎看不到，从外侧来看也看不清楚有五个量体。倒不如说是呈现着有某些地方凸出来或某些地方凹进去的印象。

伊东 从这个大窗可以看得到的风景，和犬吠工作室（Atelier Bow-Wow）[1] 所说的"普通"不同，甚至可以具有反方向上的那份"超越了普通的普通性"之类的性格呢。

西泽 若说普通的话的确是很普通，不过却也因此让某些邻家看起来也像是对象般的存在噢。当窗户被放到这么大之后，会使得前方所看得到的风景在某些地方看起来具有相对化的效果。

1　一家建筑事务所，1992 年在东京创立，创始人为冢本由晴和贝岛桃代。——译注

"House A" 日光浴室

现代的身体性与距离感

伊东 前一阵子，你让我看了十和田市现代美术馆，又在今天再次打扰了森山邸与 House A，在基于森山邸与十和田之间有 House A 的这个脉络上来说，可以看得见西泽兄的连续性呢。我认为之前西泽兄提到"House A 是个很大的转折点"或许就是这么一回事吧。

西泽 是吗？

伊东 嗯。从森山邸到十和田为止，可以清楚地看得到西泽兄的徐缓变化。还有，看了这三个案子的感想是，在那里所存在的距离感，是非常现代的东西。或许也可以称之为电子的距离吧，我认为现代的人际关系当中就存在着这样的距离感。西泽兄或许就是最早将这样的距离感打造成建筑的建筑家吧。

西泽 电子的距离？

伊东 或许也可以称之为新的身体性，无论是森山邸还是 House A，我觉得住在那里的人们的距离感是非常现代的东西呢。虽然大家都说住得很舒服，不过那对于过去的人们来说或许并不是一种会觉得舒适的距离感。明明个别的住户都处于很靠近的地方，但却又能感受到某种距离感。现代人所带有的这种距离感与身体性，西泽兄的确将它们给空间化了吧。那是有别于我们那个世代的身体性，对于这样的距离感也会有打心里觉得舒服的感觉呢。能够了解那样的事情是我今天最大的收获。

借由抽象性来面对现实

伊东　原广司先生在来到 House A 与森山邸时，谈了些什么呢？

西泽　谈了各种话题，不过原先生最初所谈到的，是他到目前为止并不怎么相信"打开"的这个做法，不过在实际上看到了这样的东西，他表示终于可以理解，并表示"打开的东西也是可以成立的啊"。

伊东　原先生的自建宅也有很多小房间，不过那又和森山邸之方体中的"小"有点不同。我认为那应该是你们二人在身体性上的差异。

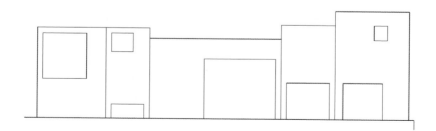

西泽立卫建筑设计事务所 "House A" 立面　1/300

西泽　原先生说到森山邸是身体的周遭从建筑中溢了出来。那恐怕与建筑的尺寸是有关系的，并且会是和都市的问题联结在一起的吧。

伊东　西泽兄的身体性或许表现了出来，不过森山邸的方体具有某种抽象性，因此虽然小，但却并不是以狭窄或压迫感的基础来谈的东西吧。而是成了可以创造出社会人际关系的单位。我认为那可以扩展到与现代都市之间的关系，并且这种以抽象性为中介来面对现实的方法，看起来相当新鲜呢。

原先生从当初迎接数字化社会到来的时候开始，就说到人类所带有的距离感与时间感会发生变化。或许他在看了森山邸之后，才感到你就是想做这样的设计的吧。

西泽　是这样的吗？

伊东　嗯。不过和森山邸比起来，House A 的抽象度好像比较低呢。

西泽　我认为或许的确是这样的，不过，感觉在另一方面的抽象度上甚至可以说是有所提升的。

这么说来，我似乎也在思考某种意义上就如同梦一般的情境，或者说想做的并不是现实，而是和现实具有不同触感的东西。

伊东　所谓的"像梦一般的"，和"抽象"并不是同一个层次的问题吧［笑］。

西泽　例如将"斜撑材"（brace）与"钢棱板"（deck-plate）露出到表面来，就具体的"收拾细部"的这个意义上来说，是一种具体的表现。不过，抽象化的这个意义，并不是极简（minimal）的意思，而应该说是建筑的典型性、普遍性，若不是以"个别解／独特对象"的角度来处理住宅，而是以"普遍化"的意义来思考住宅的抽象化的话，那么感觉上和以前是没有什么改变的。

还有，或许还不如说是"非物质感""非具象性"的这个部分，似乎有着和过去稍微不同的"抽象化"正开始发生的感觉。

这么说来，从十和田回来的路上，我们针对建筑的抽象性做了各种讨论呢。那时候，伊东先生提到"不通过抽象化的这个程序，建筑是无法成立的"这个说法，我的印象依然非常深刻。

伊东　我记得是谈到汽车的设计是具体的东西，所以或许在汽车设计上并不具有抽象的概念吧。我的事务所里有曾经在美国的大学与英国的 AA［建筑联盟］[1] 里学习、非常擅长使用计算机的员工，他们果然就有点不同噢。

西泽　那是怎么样的不同呢？

1　Architectural Association School of Architecture，是英国最老的独立建筑教学院校，简称 AA 或 AA School of Architecture，也译作建筑协会学院，英国建筑联盟或 AA 建筑学院。——译注

"森山邸" J 栋与道路的缝隙所产生的庭园

伊东 其他的所员虽然也都使用计算机来绘制图面，不过感觉上他们所使用的数字语言，是蕴含着独特的意义在里面的。如果他们就如同在做汽车设计的那样，将建筑当作具体的东西来做的话一定很无趣。我其实很想确认他们的内在究竟有没有建筑的概念呢。我认为抽象与概念是表里一体的，如果不是这样的话就无法成就建筑。在仙台媒体馆之后，我曾经很热衷地试着去说抽象已经够了 [笑]，不过我果然还是觉得并不是这样的。

此外，在森山邸与 House A 中所具有的抽象性，我认为若不把业主也放进来一起谈是难以想象的。我想业主肯定会是带有身体性的概念吧。

西泽 越是抽象的东西，就越会表现出设计者与使用者的身体性。

伊东 是的。所以建筑很难，也很恐怖。

西泽 的确，在看着 House A 与森山邸的时候，就觉得使用者与居民的身体性及价值观毫无保留地显现了出来呢。

没有束缚的建筑的舒适感

西泽 在设计 House A 的时候，虽然并非拿来作为具体的设计参照案例，不过却以自己过去所造访的几个印象深刻的建筑与都市空间来作为构思上的参考。例如，位于瑞士洛桑柯布西耶的母亲之家（Villa Le Lac，

1925 年），以及意大利的萨勒诺（Salerno）。

母亲之家就柯布西耶的建筑作品而言，虽然并不具有那么高的评价，但却是我喜欢的住宅之一。此外，因为在尺度上与 House A 相近，因此在设计中我相当在意这栋住宅的存在。

造访母亲之家时我感到惊讶的是，独立支柱、屋顶花园、自由平面、水平连续带窗、自由立面这些他所提倡的现代建筑五原则在这个案子中完全实现了。我原本还以为会是个更普通而温柔的家呢。

空间从入口开始与起居室相接，和餐厅、卧室、浴室全部都是连续的，的确呈现了自由平面的特性。此外，空间全体也呈现有机的连续，在横向上所开的水平长窗让整个住宅内部都可以看得见湖泊，然后也有屋顶花园与独立支柱，他的现代建筑五原则全部都被放到这个小住宅当中，整体上也非常地舒适，并且实现了一个温暖的家，这让我非常震撼。柯布西耶竟然在为自己最重要的亲人所设计的住宅中放进了那么新锐而前卫的理论来做设计，并且还做出了如此舒适的住宅。这件事很直接地告诉我，他所提倡的现代建筑五原则并不是说说而已，而是真的相信它的价值而把它给展现出来呢。

伊东　原来如此。那萨勒诺呢？

西泽　萨勒诺位于从那不勒斯往南大约一两个钟头车程的地方，是个在中世纪以药学而发达繁盛的港都，后来整个荒废，位于中心部分的有历史的老城区现在几乎没有人住，只有一大堆空屋，走在当中的坡道时，可以看见由石壁及屋顶整个腐朽掉了的废墟构成的状态。不过那却具有不可思议的魅力。墙壁由于是石材造的，因此还残存着，不过木制的屋顶已经崩落，原本应该是室内的地方变成类似中庭的空间，而隔壁则有原本的真正中庭，植物在当中茂盛地生长着。雨水从上方就那样猛烈地落下，鸟儿们瞬间聒噪地飞走，总之就是很厉害噢。那是一种既非内部也非外部的空间，令人印象深刻的风景。那在过去或许是被作为修道院与住宅来使用吧，现在已经完全失去功能，变成单纯的废墟。然而那或许应该说是类似乐园般的空间，那样遍布丰饶与自由，令我深受感动。虽然已经失去了功能与"空间计划 / 用途"，但却是充满着让人很想住进去的潜在可能性的空间。我认为如果住宅能够带有那样的潜在可能性的话，那么，那肯定可以成为丰富而舒服的住宅吧。

伊东 听了你这些话，我很清楚地了解了这个家是怎么被建造出来的。话说回来，这里的确非常舒服呢。

——参观了森山邸之后，在House A当中。

原广司

七月东京

July in Tokyo

HIROSHI HARA

①

西沢立衛 兄　　July 4, 2008　原広司

先日は、森山邸訪問のときはありがとう。また、Vladimir を案内してくれてありがとう。この手紙は、貴兄の本(対談集)に、そのまま、コピーして、のせたらどうだろうか、と思っていますが、もちろん、それを意識している訳でもありません。

「新建築」で、「ロジカル魔術団」のことを書いたりして、対談の方が手薄になるようなことがないことを、お知らせしたいと考えて、この手紙を書いています。

対談の文章は、より考察を深めて、試みたいと思いますね。

森山邸で貴兄が実現できたことは、あるいは問題提起したことは、私には強い衝撃となり、今私が設計している住居を考えてゆくうえにも大きな影響を与えるでしょう。貴兄が森山邸で行ったことは、あれこれ解釈できそうですが、最も大切なことは、身のまわり、という図式が描けるとして、

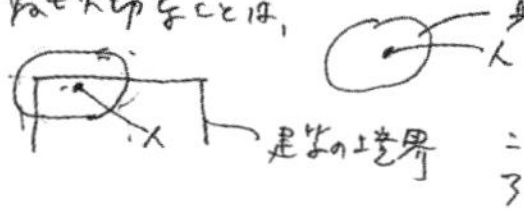

この図式を建築によって切断したところにあると考えられます。「身のまわり」(Umwelt)は、

フッサール → ハイデッガー → メルロ−ポンティ
Husserl　Heidegger　Merleau-Ponty
とつづく現象学の図式ですが、常識的にも理解できるところです。つまり常識的には、この「身のまわり」を含むように建築は設計しなくてはならないとされています。そこを、貴兄は切って、建築の外、いいかえれば都市に委ねた。例えば、「最小限住宅」といった概念では、そうした「身のまわり」を包含する極小の住宅を追求した。江戸の長屋とか、ファベーラ(中南米の不法占拠の町)では、「最小限住宅」の寸法など、全く守られないのです。それが「都市に委ねる」の意味です。

さて、この問題は、現代の数学(多様体論、位相幾何学)でいう、レトラクト retract という概念に対応しているような気がします。これは、私の学習範囲の限られたところから思い浮かぶ概念で、いずれより適切な説明をしてくれる人が登場することを期待していますが。

原广司的亲笔信

②

私が、森山邸を訪れた前日に、お披露式あるいはパーティが ひとつの 本屋の
屋上で行われたとのことでした。このパーティは、いわば 俗屋々ち、「はみ出て」
行われたと解釈できます。この見方をすれば、   と説明されます。
レトラクト なる概念は、

という 現象を説明します。
「ハリーの思想」

外な 雷   森山邸

レトラクトは、仝迃域を えな 根底念です。 早くにたとえば
澄気は「レトラクト」をよみにた。 まみさんの 风冶のような 场合には
レトラクトにもなるをいても（紛合をんな 冬なで）。つまり、「身のまわり」が
「なみ出る」向発は、レトラクトにかかわる 話题であり、都部に身のまわり
と「なみ出してゆく」ところに えな 共同性の 向題であるわけです。
ところで、話は、こいつで あわりはません。「どなように はみ出るか」を
現代の 冬台かは 向いかけます。そこに 発生するのが、ホモトピー なる
根底念で、スムーズに「身のまわり」が のびているのか   homotopy
いないのか を向います。それから、変形レトラクト deformation retract
という根底念です。まみ山邸ではそえ、窓=開口部か、澄気は、
活汤名を 見えしています。たとえて まえば、「右をひろげる」ための窓っ
お披露式の「屋上」もそうだった。 わみ造の 本文では、できるだけ 知りやすく、
澄久の 気付しことを 説明するつもりです。「都部に出てゆく」ことについて
たい、私の 解述などに気にせず、直感にたよって よそみ なることが 大切です。

原广司的信

　　和西泽立卫的对谈，是在森山邸举行的。

　　与其说是对谈，还不如说是围绕着森山邸的对话，主角是森山邸。在谈话之间，我一直不断地在内心探索着关于谈论森山邸时所应该使用的话语。正因为如此，我总会不知不觉地分心，所以当时谈的内容也不够锐利。这样的一句话，明明是已经知道的词汇，但究竟是什么总是摸不着头绪呢。

　　这个对谈是在几个月前进行的。当时我学习了有关数学的"多样体"。一天大约学十个钟头，持续着除此之外什么都不碰的生活。那么，现在的我又处于什么样的状态呢？现在过的可以说已经不再是拥抱着数学时所度过的那些日子了。关于数学的学习，大抵上只要休息了一天，那么要将学习的成果与韵律找回来必须花三天。休息一星期的话，就必须花三个月。而休息一个月的话，那么直接放弃会比较好——这是年轻数学家告诉我的。而最近因为已经离"多样体"很远了，因此要将它找回来简直可以说是令人绝望的。其实，从森山邸回来之后，我突然察觉自己所想不起来的那句话便是"缩回／撤回"（Retract）。那是说明"多样体"某个部分的概念。

　　接下来要将已经反复无数次的事在这里重新重叠在一起谈，感觉上似乎有点不妥，不过事情是这样子的：其实所谓的几何学是在沉睡了两千年左右，进入 18 世纪才突然苏醒过来的学问。主要的契机来自于数学家高斯。接着是黎曼的登场，才开启了及于今日的现代几何学的广大范畴及前景。这个极具象征性的事件来自于 1854 年的哥廷根大学哲学部的讲义《关于成为几何学基础的假说》。这个展望的一个结果是"多样体"，这和其他诸多的数学概念与手法都涵盖在里面，而且现在仍旧是持续进行研究的主题，因而并不是暂时可以学得来的东西。

"缩回／撤回"被混杂在多样体的理论当中因而相当复杂，而且绝不是一个容易理解的概念。不过若不试着学习这个所谓的"多样体"，或许会很难理解为什么西泽立卫与森山邸立在我面前的时候，我会想不出 Retract 这个字眼吧。不过，若说得更清楚一点的话，就是我在和西泽立卫对谈的时候，我也还未能理解数学上的"缩回／撤回"这个概念。

因此，我重新学习了关于"缩回／撤回"的概念。学习之后，将这个概念究竟带有什么样的内容试着对工作室的年轻人们进行说明。结果发现自己也还没有理解得那么清楚，因此又再一次学习。并再次试着说明。如果还是没能够理解，那么就再学习。就这样来来回回反复好几次之后，才终于觉得稍微接近"能够了解"的程度了。这么一来，我可以确定自己在对谈的过程中一直在找的那个字眼，的确就是"缩回／撤回"。

例如，有一种叫作离散的，亦即 Discrete 的概念。这只要试着学习数学中的位相空间［拓扑学理论］，就能够比较快速地掌握相关的概念，而森山邸就是这个概念的精彩展开。不过若以"离散性"来讨论这个森山邸的话，我觉得并不够干净、正确。当然，无论怎么样也都可以谈，只不过我觉得若不讲些能够让西泽立卫有进一步的提升与开拓的可能性的东西恐怕是不行的，因此才一直很固执地不断寻找着适合的字眼来谈。

在很久以前，我曾经被西泽立卫问到现阶段什么是重要的。我想恐怕那时候我的回答是："不就是'距离'吗？"计算机，例如网络就将距离给消解掉了。然后，计算机甚至试图从建筑的手上把都市给夺走。不把它给夺回来是不行的。而在那里，有着"离散的"这个概念——就是这样的回答。

如同博尔赫斯所说的那样，所谓的历史是某个偶发事件以及回溯该偶发事件的整个系列，那么也就是因为有森山邸，才让我的自建宅［原邸］得以在这个系列上浮现吧。那么，"离散的"与"缩回／撤回"之间是否有关系呢？以目前的状况而言，我的能力和认识还不足以说明这两个建筑概念的关系。不过，如果说这两者之间具有某种关系的话，那么能够把这两者联结在一起的或许不是数学而是建筑吧。这么一来，能够表现这个关系的概念，我想总有一天还是可以在数学上找到的吧。

因此我写了封信给西泽立卫。和西泽兄在对谈中所应该想到的那个字，就是"缩回／撤回"。首先，我们的"周遭的世界［现象学用语］"，是连绵不绝的伸缩。特别是我们的意识，比如我们的精神在某个瞬间似乎集中在书本上，但是下个瞬间就会被与天空相关的风景所吸引。像这种在身体周围的持续性变化是一直"如影随形"的。如果说有关意识上的运作这个讨论实在太难的话，那么或许可以试着去看看菜贩的店头来作为一种模拟。

白天，菜贩的店头是扩展到街道上去的。然而一旦到了晚上，大抵上所有的物品都被整理好，而整个门户也是关闭起来的。于是，我发现乌龟也会是个好例子，所以就在信上画了图。乌龟的脸与头部、手足都是从龟壳伸出来或缩进去的。这就是"缩回／撤回"。

这个"缩回／撤回"的现象，的确就是建筑的、都市的现象，我也在很长的一段期间，对于该如何表现这个现象而感到相当困扰。能够将这个现象很明确地加以把握的，就是森山邸。也就是说，所谓的新建筑，不仅是认识到之前很多人都漠然待之的重要性，并且它还是可以将所想象的内容明确加以表现的建筑。

森山邸之所以能够将"缩回／撤回"的概念加以明示，就在于有意识地缩小建筑的尺寸，特别是有关房间的尺寸。例如森山先生的浴室。森山先生是对谈中始终抱着爱犬的'Logical 魔术团'团长[1]，当我不自觉地歪着头想象着他究竟是用什么姿势来洗澡呢，才恍然大悟："哈哈，这就是"缩回／撤回"啊"。

在进行对谈的前一天，好像在某栋的屋顶上举行了结婚派对，首先这个事件可算是"缩回／撤回"的代表性的东西。身为新娘的大成优子小姐在那之后来到了我的工作室，因此使我得以亲眼目睹很优秀的"Logical 魔术团"团员。总之就是很开朗、很棒的一个人啊。

相对于森山邸那种"Logical 魔术团"来说，就像在对谈中也曾谈到的那样，"普通建筑"的做法是建筑物想要把周遭世界给收纳进来。只要还是继续做这样的建筑，那么"缩回／撤回"的概念就不会浮现。我感到惊讶的是，不管是妹岛和世也好，西泽立卫也罢，都具有非常优秀的逻辑性。这样的人完全没有学习现代几何学的必要。因为他们的直觉与直感根本就是以现代几何学的风格所酝酿而成的。

将"身体的周遭"的说法转换成"近旁"。我们是伴随着这个近旁生

1　所谓的"Logical 魔术团"，是在《新建筑》中的一篇评论性文章《希望我们在做的可以成为 Logical/Magical Architecture》当中所用到的一句话在后来所发展成的一个词组，是对于森山邸的居民们的总称。——译注

活着的，某个环境，例如像住宅那样持续反复着同样的体验，就会成为"熟悉的近旁"。这个"熟悉的近旁"，如果是住在同样的住居里的家族，就会成为"共享的熟悉的近旁"。成为出身同乡的人们的话题的也是这种近旁，各种话题是以此为基础而形成的。各种人们的近旁源源不绝地伸缩反复，就会促进这种近旁的共有性。就如同对谈中所讨论的那样，江户的长屋等等，便是这种"熟悉的近旁"之共有性的典型。同时也是共同体论的基础。

森山邸的状况，是"近旁"有时候会从墙壁与窗户渗透出来。在这样的状况下，"Logical 魔术团"彼此或许就会带有"共享的熟悉的近旁"[虽然我的直觉并不这么认为……]。不过，所谓的"近邻"，暂时是不会构成这样的近旁的吧。不过，只要在近旁渗透出来的状况下，就肯定会产生共存的部分。这究竟是怎么一回事？

实际上，从这里开始应该会是重要的议题，但是我自己所难以理解的部分还太多，因此只会越写越陷入 Tautology [同语反复]当中而已。或许有一天还有机会与西泽立卫对谈吧，所以我会先试着把现代几何学学起来放着准备。

过了一阵子之后，我有机会与多样体专家、数学家松元幸夫老师出席同一个学术座谈会。之所以称呼他为老师是因为我能够理解多样体，也是因为读了他写的教科书的缘故。在座谈会中，我问了他两个问题。其中的一个是关于"分离的近旁"。通常，在距离空间的逻辑中，"分离的近旁"是不成立的 / 不可能的。这是松元老师的回答。那或许是黎曼平面 [几何]的说法。第二个问题是，要能够对多样体变得很专精必须学几年才好？得到的答案是四年。我不禁叹气地说"四年啊……"，这时候，从观众席那儿，东京大学副校长、生产技术研究所的前田正史教授对我说："原先生的话一定可以的。"好，那么就挑战看看吧！会这么想可以说是我的习惯。不过，只要有西泽立卫这样的建筑家在，也就是说超越了现代建筑的框架，并且是可以实现与现代几何学直接相关的建筑，有这种建筑家在的话，我想自己不做进一步的学习是不行的啊。

　　有很多人在谈到几何学或现代几何学的时候，会误解是在谈论建筑的形式与新形式这类议题。当然形式也是重要的，不过并不是这样。我所思考的是建筑相关事态的变容。在建筑中的各种事件，是时时刻刻在发生变化的。例如，森山邸里的居民与近邻的近旁的"缩回／撤回"。然后，这种将"意识的运作"与建筑的表现加以联结的做法，可以说便是今日建筑所必须面对的课题。

原广司

《新建筑》2008年7月号

"House A" 日光浴室

藤本壮介

九月 大分・熊本

September in Oita / Kumamoto
SOU FUJIMOTO

于 "House N"

于"次世代木屋［mokuban］："最后的木屋"

作为居住场所的空间实验

西泽　今天是第一次能够亲眼看到藤本兄的作品，对我来说是个新鲜的体验。这回一口气看了两个作品，而有了各种想法。无论哪一个都是破天荒的创举，例如 House N［2008 年］是盖在街道当中的，其坐落于街道当中的呈现方式相当突兀，我对这个非常具有野心而积极性的存在感到非常惊讶。

不过，相反的，也体验到了某种大而化之的感觉，我再次觉得：啊，这就是藤本兄的味道呢！ House N 中创造了一种不可思议的结界[1]般的东西，那也是令人印象深刻的。就如同树枝与树枝重叠在一起，而在它们的背后可以看得见天空，像置身在森林里的感觉，从交叠在一起的窗户间的缝隙所看到的街道感觉上变得很遥远。在实际距离上是那样靠近街道，但从室外的路上来看这座房屋却又是不可思议地具有距离感，给人一种犹如茧一般的空间的印象。这是目前为止所未曾看见过的、某种非常特别的结界。从外面来看的话，明明是个很工整的四边形巨大建筑，然而进到内部的话却又感觉不到四边形，这一点真的非常有趣。

包括这些事，我感觉到这会是一种空间实验。这或许也与让人觉得周边环境变远是有关系的，这个住宅区当中的那份唐突的存在感，却又

1　结界：佛教术语，原为僧伽在结夏安居时限定僧侣活动的范围，后因日本真言宗的发展，又指具有一定法力效力的范围。在日本动漫作品中，这个概念又一次得到拓展，指可见的边界和范围。——译注

是那样与周遭分离开来，我认为是个非常强烈的实验。

藤本　您之所以说这是空间实验，应该是西泽兄带有某种疑问所以才产生的字眼噢，大概是"这真的 OK 吗？"之类的犹豫吧［笑］。

西泽　这个部分也有，不过我认为这当中肯定有某些好的品质在吧。

藤本　我的确对于实验是有兴趣的。不过，我讨厌只是进行单纯的空间实验。House N 虽然是以奇妙的三个层次所包围，但置身其中的话，会有各种光线进到里面的感觉，会变得无法理解周围的街道是远是近。在这样的场所里，我认为以"不停律动"的方式来住在这里头应该是相当舒服的。然后是对于置身在街道中的建造方式，看起来虽然是个巨大的箱子，但却是个空空的箱子——这个部分让我感到很有趣味性。也就是说虽然是存在的，但却又具有高度的穿透性，人类生活的场所从街道到住家内部，是一种徐缓地相连成一体的感觉。就这个意义而言，我认为 House N 可以称之为是包含了都市的一种居住性场所的提案。若能够成为作为居住场所的空间实验，那么我认为这就是达成目标的信号（Goal-Sign）。作为人的居住场所是否创新，这会是我重要的判断基准。

西泽　如果以"居住场所"这个意义来说的话，平面也是非常令人印象深刻的。在正中央是餐厅，其后是厨房，在西侧则有卧室，然后在南侧有

藤本壮介建筑设计事务所"House N" 2008 年。从和室往玄关看。

庭园，House N 的平面可以说是非常一般性的住宅的隔间呢。这种平面隔间在日本是随处可见的，人人都能住的，对日本人来说是理所当然的，所以会产生一种完全不同的空间实在很令人吃惊。

藤本 说不定我对于平面是不怎么期待的吧［笑］。

三个箱子的子母构造这个形式，在某种意义上不也是很刻意的吗？不过，对于卧室和厨房在什么位置，其实或许我根本就毫不在乎。我认为自己想做出来的是场所的起伏与空间"浓淡"之类的东西。这个"浓淡［或者说深浅］"成了线索，空间变成了人的居住场所。而这个 House N 的案子中所使用的、基于空间性格之浓淡的制造方式，创造出了非常简单而新鲜，并具有多样性的空间。因此在这个空间浓淡的格局中，虽然可以用比较奇怪的房间来配置，然而即使用非常普通的房间配置也是可以的。我觉得越是看起来很普通的平面，或许越能够感受得到这个形式的真正实力吧。

西泽 的确，如果是我的话，若说是怎么住都没关系的话，我想也是会做出可以符合这个条件的平面。在这里我感到与藤本兄的不同，觉得很有趣。不过话虽这么说，例如 T-House ［2005 年］的平面倒是变成了主要的探讨议题呢。

藤本 不过若说普通的话，那的确也是普通的房子噢［笑］。

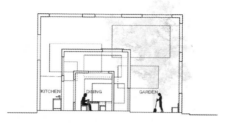

"House N" 断面 1/300

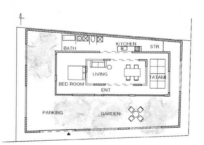

平面 1/500

藤本壮介建筑设计事务所 "T–House" 2005 年。平面 1/500

西泽　嗯，或许是这样吧。

藤本　不过进到里面的话，我认为比起 T-House，House N 会来得更令人感觉到温柔。我曾经被摄影家二川幸夫说"你很老古板噢"[笑]，那肯定是对于那个部分所做的指摘吧。

我觉得自己有着任业主怎么住都可以的想法。然后更进一步的是，例如业主发展出未曾预想过的使用方法，或者摆上意外的东西也可以。这么一来，借由各种对象的共存，想要让它成为可以使建筑的力道增强的那种空间。我希望能够通过我提案的这个空间的触发，而产生各种预想外的事件。一个形式鲜明的提案，并不是排除掉其他元素，而是能够带进各种元素，加以触发，而得以变成一个更丰富的事物的模样来作为最初的构想。

前一阵子，我去了一趟越南，在河内的旧街道里，有一个已经破旧不堪但却充满生命力的区域。我觉得那应该是法国殖民时代所盖的建筑物。我对于自己所做的建筑物，或许隐约地希望能够成为那样的东西吧。希望能成为总有一天可以变成遗迹的那种，无论是谁都可以去住的那种场所。

西泽　这我很可以理解。

子母构造的这个构成，由于变成好几层重叠，所以我认为会因着处理方法而变成一个阴郁而闭锁的空间。不过在 House N 当中我却感受到一种大而化之的气氛。而这有一部分或许就如同藤本兄所说的，亦即并不只是配合现在居住者的使用方式来做空间配置，这种方式得以形成了现在这份宽大的印象吧。

新经验、新做法

西泽　我认为自己所做的事情在空间实验上的要素也很强，不过我的情况是会稍微把"空间计划／用途"与周遭环境也放进创作的对象里来，而且有也许可以从"空间计划／用途"与环境上来创造出新空间的想法。或许是我对"空间计划／用途"与环境非常讲究吧。

藤本　在我的内心当中，有一种想将四边形的空洞箱子处理成子母构造的意识，通过这个做法来创造出一个产生奇妙关系的场所。当然这也包含那种我喜欢的用三重或四重的箱子都能够成立的具有内在深度的形式。实际上一旦将它盖起来，当然尺度上是重要的，然而作为概念则和尺度没有关系。我觉得就算在外侧有着将街道给包围起来的箱子也是挺有趣的。而且，是不被平面所左右的、非常舒缓的形式呢。也就因着有了这份舒缓，因此与其说是冒险，还不如说是带有试图让这个具有宽广可能性的提案得以落实的意识。

在 SANAA 的作品里，有着从"空间计划／用途"将建筑空间做巨大转变而令人震撼的部分存在。这样的尝试，我自身也受到了非常大的影响。以"空间计划／用途"与周边的状况，以及偶然之间相关的人的个性等各种状况作为契机，而与某种崭新的飞跃联结在一起。实际上这个三重的子母构造，其中一个契机是来自于业主对于将来周围的噪声所作的预想［预定会有扩张道路通过］，希望可以做出某种对应的要求以及从基地比东京的住宅拥有远为丰富的外部空间等条件所得到的灵感。与其说是陆续对应这些条件，还不如说升华成崭新的建筑形式的这个部分，是 SANAA 给我的最大影响。

只不过，最近看着 SANAA 的项目时，那份强烈冲撞"空间计划／用途"的印象却感受不到了，究竟持续地起了什么样的变化呢？

西泽　变化吗。嗯，或许是不像从前那样做出像图表般的平面，而是直接让它长起来的这个手法吧。不过另一方面，最近的新美术馆（New Museum）［2007 年］与劳力士学习中心（Rolex Learning Center）［2010 年］等等，感觉上"空间计划／用途"成了创作引擎之一的这一点倒是完全没变的。

藤本　我在做竞图的时候，感觉上也是会毫不犹豫地从这样的一个角度来进行思考。会针对被赋予的条件从根本的地方重新省视。在安中环境的竞图［2003 年］当中，我相当程度地意识到了这个部分。

西泽　那个项目的确是这样的呢。我也稍微感觉到了从"空间计划／用途"出发的这个途径。

藤本　不过，我们的这个时代或许并不怎么谈"空间计划／用途"噢。西泽兄怎么看这件事呢？

"T-House" 从和室往起居室看

西泽　说到藤本兄的这个时代，主要的代表人物有平田晃久先生、石上纯也先生等等。的确，与其说是谈"空间计划／用途"，或许还不如说是将问题的意识转换到了空间成立的逻辑的这个层面上来吧。并不是从周边环境与"空间计划／用途"中长出建筑，而是建筑不受周遭环境的制约，例如像树木一般的建筑，森林一般的空间等等，感觉上建筑的创意是来自完全不一样的地方。

藤本　当然我也会倾听业主的声音，想象"如果我是这些人的话，那么或许这样的居住方式也是可以的吧"，有这样的意识在。不过另一方面，我想做的则是人类在这样的地方可以住、应该住的这种东西。

西泽　对于这一点我完全同意。
　　　在看过世界上各种建筑之后，会发现有各式各样的住宅，并感受到居住的多样性。做出新住宅这件事，或许会变成否定既存的住宅，不过我倒认为也就因为如此，而更能够创造丰富的居住场所，不是吗？

藤本　而且若同时能够发现建筑的新做法，那真是非常令人喜悦的呢。

西泽　的确是。
　　　之前和原先生谈的时候，听到了各种非常有趣的事情，他对于古典主义与现代主义都一直只是在议论关于建筑的做法这件事情时对它们作出了批判。现代主义的做法论虽然也与技术论有所联结，但是那并不

SANAA "新美术馆" 2007 年

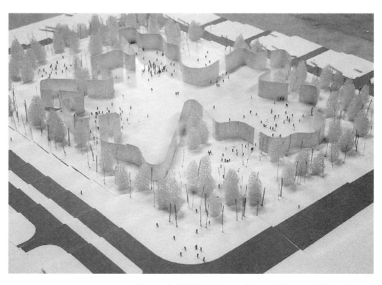

藤本壮介建筑设计事务所 "安中环境论坛竞图案" 2003 年

是建筑的本质。做出全新的经验这件事是重要的。听到这样的观点之后，我觉得的确是这样的，没错。

藤本　的确，只是一直在谈做法的话并不有趣。还是希望有可以同时表达出新经验的创造与新做法的提案呢。

西泽　是啊。

之前我去看了巴克明斯特·富勒（R. Buckminster Fuler）在蒙特利尔万国博览会［1967年］中所设计的美国馆的废墟，受到了非常大的震撼。富勒设计的美国馆已经和其他的任何建筑在所有的地方都完全不一样了噢。对于建筑的普通定义，是通过柱、梁、板与屋顶所成立的，而美国馆从这些部位开始可以说全部都不一样。由于曾经发生火灾，所以外装全部都烧毁剥落了，现在只剩下骨架，几乎呈现一种户外的状态，虽然和最原初的状态已经相当不同，但那仍然是非常精彩的空间。鸟群虽然朝着圆顶的方向在空中飞翔，但却不会碰撞到表面，而得以流畅地穿越过去。由于那是一种前所未见的透明性，所以真的非常吃惊。在内部的话，感觉上与其说那是建筑还不如说是环境。在看了那样的东西之后，强烈感受到新经验与新做法果真是一体的啊。

不规定外观的形式

西泽　藤本兄最近常常前往国外，对于自己建筑物的看法有没有什么改变呢?

藤本 对于自己在做的事变得更有意识了。然后也更强烈地意识到自己的确是完完全全的东洋人啊。

西泽 东洋吗？

藤本 嗯。人家常常对我说，你的思维真的很东洋呢。不过另一方面，我也感觉到自己的想法具有可以传达到海外去的真实感。

那个由一百组建筑师团队在中国内蒙古盖一百户住宅的案子"鄂尔多斯 100"，我也参加了。或许是因为基地太过于充裕吧，因此做出来的东西就如同雕刻作品般地醒目。在那当中，我做了一个如同场域的流动般的东西。我在提案中表明"建筑并非是对象，这个场域中的流动本身就是建筑"，简直就像是在否定西方建筑传统中的固有价值的说法，结果竟然得到了"原来如此，这样比较好呢"的反应。

此外，在演讲的时候，由于西欧在其根本上具有所谓的墙壁文化——即只剩下墙壁的废墟意象，因此对西欧的人们来说，House N 就如同罗马遗迹那样，似乎是很容易理解的。然后由于他们也具有内外清楚区分的文化，因此对于这种既有墙壁，又有亚洲特色的内外混杂的逆转，也很坦率地带着惊奇来迎接它。换句话说是东洋与西洋很正面地混合在一起的状况。

而这在外观也表现了出来，House N 带有介于家与街道之间的意识。不过那并不是说家与街道之间具有中间领域，而是家与街道是融合在一起的感觉。

我认为借由这样的做法，外观的这个概念或许会变得逐渐失去其意义。

西泽　是因为想要回避掉外观这件事吗？

藤本　虽然并不是想要去回避，不过例如像森林或都市这一类的东西，可以说有外观，但是也可以说没有外观，我认为是非常不可思议的存在。我觉得若建筑也能够变成这样的存在一定很有趣。在建筑当中，把内部与外部给切离开是最乱来而且粗暴、并具决定性的行为，我认为那样的呈现便是外观。因此我认为将外观成立的逻辑／机制加以改变，也就会使得建筑骤然产生巨大变化吧。就存在而言或许是有的，我认为若能做出和所谓的外观稍微有点不同的东西的话，肯定是很有趣的吧。

西泽　虽然同样都是方体，不过 House N 与平房（bungalow）（次世代[mokuban]：最后的木屋，2008 年）却相当不同呢。House N 不知不觉当中就会变成方体，感觉上是很自然的，但是平房这边却令人感觉到不是方体好像也是可以的。亦即是说，建筑在成立上的逻辑，House N 是在四边形的基地上试图取出大空间就自然地成了四边形，而平房就建筑的做法上来说只是将杉木材加以堆积而已，所以外形不是四边形也是可以的吧，例如像角材堆积成山的形状那样的东西也是很好的啊。我倒觉得还不如不要让人感受到它的外形，只透露出一种仅以木材的堆积就弄出建筑来的感觉。

"House N" 客厅和餐厅

藤本 关于外观的做法，我也相当苦恼。这个形式不就是无法定义外观的吗？因此，我觉得做出一个让人难以了解究竟是以木材做堆积还是在方体里进行挖凿的东西会是比较有趣的。另一方面，也因为我觉得就这样的尺度而言，若不做成方体的话，会比较容易变成偏表现性的东西。

西泽 原来如此。

藤本 我认为就因为是四米见方的小空间，所以能够产生一种紧张感。用 35 厘米的材料堆栈来做出大空间是很奇怪的。我觉得所谓"最后的木屋"的形式，是依存在某种尺度之上的。

超越"窗户"

西泽 之前，请伊东丰雄先生看了十和田市现代美术馆与森山邸、House A，那个时候，伊东先生指出，这些空间中有着他们那个世代［伊东世代］的建筑中所没有的距离感。伊东先生使用的是"电子的距离感"来表现这样的空间现象。

那个时候，针对建筑的抽象性进行了一些讨论。思考建筑、创作建筑的场合，无论如何就是无法只以原尺寸的世界来思考，在某些地方运用缩小尺度的图面及模型，这是思考与创造的重要工具。也就是说在建筑创作的世界里，有着将建筑加以抽象化来进行思考、通过概念来

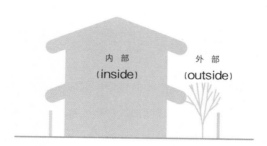

传统的房子

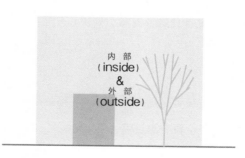

未来的房子

进行思考的这个阶段。讨论的内容主要在于指出那种概念层面上的思考与抽象化，对于建筑是非常重要的。我因此觉得所谓的抽象性或许在某个地方会是建筑世界的极限，不过相反地也赋予了建筑无与伦比的丰富度。

藤本兄对于建筑的抽象性又是怎么想的呢?

藤本　我在设计过程中也制作相当多的模型，因为模型可以俯瞰，所以它的成立方式与逻辑可以在一瞬间加以把握。那与其说是作为"物"的成立方式，还不如说是概念的成立逻辑。如果说那是抽象性的话，或许可以说是为了实现真实所需要的抽象吧，感觉上和我的内在思考是经常紧密地粘贴在一起的。在看着风景的时候，也同时思考着那究竟如何成立。不过，我也觉得只有概念扩大化是无趣的。真实会启发抽象，而抽象也会给予真实灵感，我对于这样的互补关系有着很大的憧憬。

话说回来，西泽兄自身是否曾意识到伊东先生所说的"电子的距离"呢?

西泽　虽然我很多时候觉得若是这么说的话，的确就是那么回事，但是对于这样的说法倒是完全没有想过呢。

当时，虽然说是在做集合住宅，但是我在想的并不是所谓的单边走廊型，或者是楼梯间型的这个层次，而是漠然地思考着更随机［random］的，或者说没有中心关系之类的，以及任何地方都能够成为中心的网状开口般的关系。而伊东先生说到这样的关系很"电子"，或许也不至于不能这样地来解释吧。不过在做设计的同时，却无法如此客观地来思考，因此当时还是选择了无法化作语言来说明的这条路。

另一方面，原广司先生就尺寸与窗户的部分，特别提及了"房间的小"及"窗户的大"。关于这个问题，我的确是有意识的，就宛如是用原先生所使用的语言来思考的。例如森山邸的场合，由于是用那么小的房间来做出如此紧凑的建筑物群，一旦尺寸弄错就全完了，因此相当注意尺寸。而将窗户做大，也是当时相当自觉的一个动作。

藤本　森山邸由于是以个别的房间作为建筑而独立的，在房间之间会有窗户。窗户是否能够成为窗户这个层次以上的空间要素，我认为是个重大的问题。

西泽　的确是呢。即便说是窗户也不仅只有一个，由于是相互偏移地跑出来很多，在那样的群聚式建筑中我认为这些窗户将会决定建筑整体的印象。此外，通过把窗户放大，一来可以产生开放性，也期待着产生各种内与外之联结方式的可能。

藤本　两个空间联结的状态与之间有窗户的这个状态我觉得有很大的差别噢。就如同 House A 的那样，随着空间的错位与偏移而使得彼此产生了慵懒而不经意的联结，我认为那是相当奇妙的状态。

西泽　"慵懒而不经意"的联结状态？

窥伺 "House N"

藤本　也就是说有着似乎没什么作用地分离开来的部分［笑］。不过森山邸则是借由窗户将空间给利落地切开来吧。当时没有产生因窗户而使得空间的连续性被切掉的恐怖感吗？

西泽　这样的意识在当时是没有的啊。倒不如说那个时候是打算借由开窗来创造出关系性。

藤本　House A 的窗户，有着并不是窗户般的感觉。

西泽　啊，的确是呢。

想做出某种乐园般的东西，怎么说呢，或许可以说是那种有无设置玻璃都没关系的伽蓝[1]，既非内部也非外部、通风良好，满溢着花鸟并且可以看得见天空的那种乐园。之前到了一个叫作萨勒诺的意大利南部都市去的时候，市中心几乎已经成了废墟，我的印象非常深刻，从此之后就一直思考着这种既非内部亦非外部之状态的空间。

然后，前一阵子去古巴的哈瓦那时，也看见了这种感觉的空间。那是一间殖民地风格建筑的餐厅，立面拱型的窗户部分以网取代了玻璃，完全是半户外的，在其内部深处有中庭且生长着树木，到处弥漫着古巴音乐，非常地开放。明明是内部实际上却是外部。

1　伽蓝，梵语音译词，指寺庙。——译注

藤本　那或许也可说是非常亚洲的风情吧。

西泽　是啊。在亚洲的季风气候当中，开放的、潮湿的、通风良好的空间是我所喜欢的。当然虽说是乐园，但并不是与都市环境断绝来创造出别的世界，而是想要做出一种与现实的都市环境及土地相连的东西。

藤本　对于这样的气氛我相当有同感。在这个 House N 的场合也是，这里虽然稍微意识到了罗马的废墟，不过我思考的是只有场的存在，然后人们进驻居住在那儿的这种纯粹的、原始建筑般的状态。在企图以这个原初的建筑意象来扩张现代建筑的可能性，并与普遍的方法联结的过程中而产生这个三重子母构造的形式。然后，还有一个，则是我也思考了在合理的、与生活紧密连接之关系的这个形式下，若要做出一个没有嵌上玻璃而只有壳的废墟该怎么办才好 [笑]。

带有历史的感受性

西泽　或许这样的问题有点奇怪，不过想问你对于历史是否有兴趣?

藤本　非常有兴趣 [笑]。甚至可以说到了只对历史有兴趣的地步。只是，我既对于所谓的帕提侬神庙很感动，而对于仿罗马样式、歌德样式也觉得非常精彩，不过与其把它们当成历史上的东西来看，还不如说更喜欢私下针对"那是什么"来进行思考。因此有时候会觉得把历史上毫

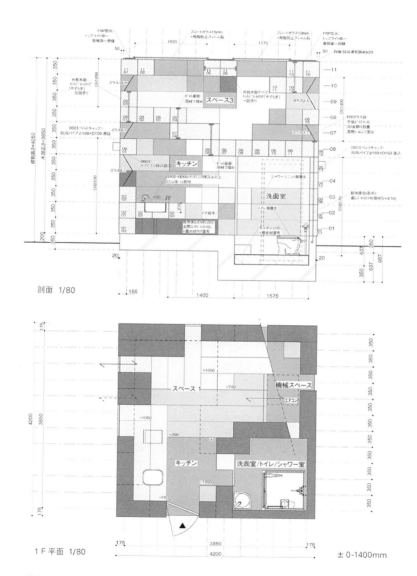

剖面 1/80

1 F 平面 1/80   ± 0-1400mm

藤本壮介建筑设计事务所 "次世代木板小屋［mokuban］：最后的木屋" 2008 年。

无关系的伦敦约翰·索恩庭院 (John Soane House) 与法国南部的勒·托罗由修道院 [Abbaye du Le Thoronet] 在自己的想法中结合起来看，而觉得似乎很有关联，某种意义上是把历史作为一个蕴藏着无限发现的场来认识的吧。

西泽　纯粹地把历史当成"物"来看？

藤本　应该说"物"与"其背后的关系性"吧。西泽兄是怎么看的呢？

西泽　确实有这样的一个侧面。一方面有这个部分，但是另一方面，所谓的建筑，我认为是一个在学习上非常难的领域。那和可以让血气方刚的十几岁男孩子突然感动的那种充满大众性的流行音乐之类的文化不同，想要被感动必须进行专业的学习。要对建筑有所感动、有所创造，是只有某些付出努力与学习的人们才做得来的，而这当中也会有历史的重要性跑出来。我们所谓的"建筑的感受性"，就有着历史所创造出来的部分。

藤本　是的。我在看了最喜欢的路易·卡恩 (Louis Isadore Kahn) 建筑后，有了很奇妙的感觉。感觉似乎是创造了历史一般，觉得奇妙的轻与重同处在一起似的。只有金贝美术馆 [1972 年] 的内部空间，有着真正意义上的现代的、原初空间的深刻感动。另一方面，例如密斯·凡·德罗的建筑物，就"物"而言毫无疑问是现代的建筑，但是却背负着一脉相连的西洋建筑史，有着将它们再定义般的动力，而让我有了近乎惊悚程度的感动。

西泽 不久之前，我试着重新读了一次 T.S. 艾略特的《传统与个人的才能》，那当中写到革新的新诗是改变历史的，而那不只是改变了未来，同时也改变了过去的诗的意义。因为真正的创造性诗人知道这件事，所以才变得胆小了。

藤本 那真的非常有趣呢。西泽兄有没有想过关于历史与现代呢?

西泽 当然还是会思考的呢。由于有着类似和其他世纪相互竞争的地方，例如我就会思考，自己的世纪和 18 世纪相较之下到底能够做出多少东西之类的问题。

所谓的建筑，我虽然拥有属于自己的价值观，但是也有着现代的价值观这样的东西。现在，就算我做出自己觉得舒适的起居室，但是我却无法知道那对于江户时代的人们是否舒适。随着自己越来越想要让自己的感性与身体性变得更加诚实，感觉上就会跑出属于那个时代固有的价值观之类的东西。在这个意义上，一来我认为我们能够做的是制造出现代建筑，同时我也觉得在那里会显现属于我们这个时代的价值观。我期待那会是能够与其他世纪的建筑及其价值观相抗衡的东西。

藤本 对于西泽兄来说，所谓的现代是什么样的东西呢?

西泽 这是很困难的问题呢 [笑]。所有的一切都在变化，都不安定，甚至可以说当一切变成已经不再改变的东西时，就不是现代了吧。

藤本　可不可以请您说得再稍微具体一点呢［笑］？现在正发生着各种事情，西泽兄在思考现代建筑时所感兴趣的事情是什么呢？

西泽　或许该说是"多样性"吧，那当中不是有各种支离破碎／零散的事情吗。不过，我认为虽然很支离破碎，但那当中却也有某种和谐的成分，而这当中或许又有着和古典主义的那种和谐所不同的味道吧。

然后，我也对自然带有浓厚的兴趣。我们所谓的建筑家并不仅仅是建筑家而已，感觉世界上的所有人类，有一半是基于本能的、渴望着属于这个世纪的类似自然的事物而有了很大的进展。而所谓的自然又究竟是什么呢。卓别林不是有个作品叫作《摩登时代》吗？那是人类被机械所支配，而逐渐变得疏离化的那种机械与人类的对立图式。那个图式说明了整个 20 世纪的状况。不过我感到那个图式似乎无法说明我们现在的生活与日常。无论是医疗或看护，还是日常会话或交通，一旦这个与机械和谐、融合到这个地步的社会运作起来的话，那个以《摩登时代》的图式可以说明的时代，感觉上就逐渐迈向终点了。我认为新时代的价值观在当今想必是有相当的需求的。

倒不如说说藤本兄又怎么看呢？

藤本　嗯，真的好难噢。我经常使用"原初的未来"（Primitive Future）这个字眼。就如同原先生所讲的那样，例如，就因特网的普及而发生了距离感的改变这件事而言，人类真的会改变吗？还是说根本就不会改变？这个部分我相当有兴趣。

"次世代木板小屋［mokuban］：最后的木屋"，从 space1 往 space2 看

西泽　与其说随着因特网的影响身体会怎么改变，还不如说人类真正的姿态究竟是什么。

藤本　是的。

西泽　对于我们来说，我认为人类的原初姿态这个东西，和列奥纳多·达·芬奇与勒·柯布西耶所描绘出来的人类形象是不同的。因此，建立"什么是人类的原初姿态"这个议题非常重要，20世纪人们所思考的人类的原初姿态与现在我们所想象的原初姿态将会是不同的模式，每个世界各自带有不同的人类形象。

藤本　建筑或许会因着网络与手机而改变。不过我并不认为会绝对往这个方向走。我的想法是接下来的建筑或许会转变为介于自然与人工之间的那种东西。自然物与人造物之间有着某种俨然不同的差异。而这之间的差异将会逐渐被填埋起来，虽然是人造物却会变得与自然很接近，然后自然的成品也逐渐接近人造物，这样的事情，若在现代的科技与价值观当中产生是有趣的。我希望试着去提示这种时代的造型。

与环境面对面的创造性

藤本　对于环境问题有兴趣吗？

西泽　其实最近开始对这样的议题有兴趣。不过若是所谓的 ECO[1]、抑制二氧
化碳排放运动之类的那倒还好，真正感兴趣的环境问题怎么说呢，是
更单纯的东西。我觉得现在世界上所讨论的环境问题，是一个与新价
值观相连的契机，是我们的世界所产生的痛苦。虽然还没有什么很好
的解答，或者说现在谁都只能提出一些奇怪的答案，不过我觉得总有
一天一定会出现一个相当惊人的、简单而美丽的解答吧。

现在的建筑界当中，所谓的环境问题对策，是类似像屋顶绿化，或是
加上太阳能光电板这类对症疗法般的东西。这样的做法使得建筑物越
来越复杂化、重装备化，于是建筑只能越来越丑。感觉上在面对环境
问题时建筑业界除了提出丑陋的答案之外别无他法，但是我真的认为
肯定是会有更简单而美丽的、直接的答案的，不是吗？

关于无障碍的问题我也感觉到了相同的事态。无障碍问题是非常重要
的。明明就是个无论男女老幼，还是坐轮椅的人、撑拐杖的人、小孩
子等大家都应该能够在一起的那种任谁都会有同感而毫无疑问的简单
问题，但试着去对这个问题做出解答时，建筑设计这边就做了一大堆

1　指环保 [Ecology]、节能 [Conservation]、动力 [Optimization] 的汽车动力系统设计模式。——
译注

类似装上密码锁、装两只手扶梯、造出各种厕所并且加上声音装置等等，不断重复地进行增改，似乎只有做出类似法兰克博士所作的科学怪人般的那种缝缝补补式的建筑的解答。我认为之所以会说除了这种对症疗法以外没有任何解决对策，在于我们对该问题完全没有远见的缘故。不过，不管是环境问题还是无障碍的问题，在最根本的问题上都是单纯的，感觉上只要改变价值观，所有的事情都可以一举简单地加以解决。我认为现在是大家都终于想要朝这个方向来做，但又为此感到痛苦的时代。

藤本　我对这也相当有同感。

在听你说到这些之后，我在脑海里浮现了哥白尼提出太阳系模型那时候的状况。在那之前，流传着太阳围绕地球的有点偏颇而复杂难缠的模型，然而随着将视点的大幅度转变，许多问题却都变得可以简单地解决了。

西泽　是的。无论是环境问题还是无障碍的问题，我感觉到或许问题本身已经落到自然性这件事情上。手机也好计算机也罢，它们都让我感到是在摸索我们这个时代的自然性究竟是什么。

藤本　就算是环境问题，或许只能从建筑这个根本点上去解决，釜底抽薪才有突破点，相反地这或许也能够成为一个好的突破的机会啊。究竟该往哪个方向走，坦白说还没能确切的把握。

西泽 在环境问题中所想的，是能够和西洋的东西对抗的、绝无仅有的好机会吧［笑］。例如和欧洲人在一起有的时候会觉得有点困惑的是，他们在呼吸了干冷的空气时会说那是很新鲜的。温暖而潮湿的空气就不会用新鲜来形容。也就是说，干燥的空气是最清净而新鲜的，干燥的环境是最舒适的，而温润潮湿的暖气则为不洁的，这样的想法是他们的价值观。我们在夏天会开冷气或许也是顺应着那样的价值观吧，不过因为亚洲有许多地方高温多湿的缘故，有不一样的气候与文化，例如在泰国与日本所生活着的亚洲人，感觉上会具备连潮湿也可以是舒适的感受性噢。在夏天的傍晚，夕阳就那样慢慢地落下，就在一种温润的气氛下，虽然满身大汗说着"好热、好热"，但一边喝着啤酒的瞬间能感受到一种舒适［笑］。

藤本 那是和某种丰富性联结在一起的呢［笑］。
因为是以试图控制所有东西的近代思想的状态来介入环境问题的缘故，所以一直在想着该如何好好控制这个环境，不过我认为或许我们也可以借由成为被动体来享受这一切而能够有所突破。

西泽 所谓的环境问题，我认为是我们的价值观会共同产生的部分。因为那是人类与自然直接接触的部分。从这样的地方来思考空间的模型我认为也会是一条可行的路。

藤本 是的。并不是说完全不加以控制，可以说是调整容许范围的广度吧，当有别于"控制"的概念之类的某个东西出现的话,那么建筑肯定也就会发生变化的吧。

西泽 因着计算机的发达,所有的场面都变得可以预测了。计算能力有着飞跃性的提升,对于未来的想象力之类的也有了很大的改变。然而,并不是说因着计算能力与技术的提升,而把事物更加致密化,将全部都加以控制,而是希望能在某处的切面开拓出完全不同的世界,感觉上这也的确逐渐地在发生当中。

并不仅只限于预测未来,而是希望能够与更具创造性的事情联结在一起。

藤本 的确是。创造性的关联,这的确是相当有趣的部分。并不是说在对状况 [context] 或者说背景涵构能够仔细地加以理解时,就该响应的层次来做致密的回答而已,更需要的反而是要能够将这个状况与条件本身加以翻转过来的那种具批判性的想法与提案。就算是在做住宅,我想思考的也不只是反映周遭的状况与"空间计划/用途",而是那种能够再次对居住方式与周围的街道给予全新启示的、具有广度的设计成果。

西泽 我也认为那是重要的。

森山邸也好、House A 也好,与其说那是住宅,还不如说我更在意的是要做出环境。思考着比住宅还大的东西,应该说这是对于住宅的否定,或者说也是一种试图超越住宅的做法。不过就结果而言,即便好像是在摧毁住宅,但不也创造出了更具魅力的住宅的形式吗?

创造新的原理

西泽　今天我所看到的 House N 与平房，虽然在做法上完全不同，不过却是连续在一起的。创造空间的这个强烈意义 / 意识很鲜明地渗透出来。然后我觉得意外的是，虽然用了很多的方形，不过就全体来说倒没有感受到方形那种严肃正经的印象，若说是什么印象的话就是丝毫没有任何郁闷的气息，尺度及规模上也很大气，令人觉得真的很棒。日本人在使用方形的时候，感觉上总是会容易落入要收得很严谨的那个倾向，但是藤本兄几乎完全没有这样的问题呢。

藤本　或许是显现出了我的性格吧［笑］。真的非常感谢。不过，我也可以感受得到与西泽兄的建筑观不同的部分。

西泽　那肯定是有着各式各样的不同吧。

藤本　那究竟是什么呢？ 在我的根本之处，有着想要做出空间的成立逻辑 / 机制的这个想法。不过，通过它来创造出空间，在某些地方似乎也觉得有点郁闷。

西泽　藤本兄有着往普遍性事物发展的野心，并且以它为目标，这是我也深有同感的。我倒完全不觉得这样的态度有任何的郁闷之处噢。
　　就"我们之间的差异"这个意义上而言，藤本兄突然就会做出某种模

"次世代木板小屋［mokuban］：最后的木屋"，从以 350mm 的杉木角材所堆积的缝隙往外看

型，例如 House N 也是这样的，在普通的街景中突然就这样出现一个
庞然大物，所以很令人吃惊，我认为就这个部分的建筑做法之类的东
西就很不一样。虽然不知道是不是有关系，这一次藤本兄让我看了两
个作品，就想知道藤本兄对于历史究竟是怎么想的呢，因而有了刚才
的提问。

藤本　我有一种想将从古时候就有的形式以自己的风格来做出新造型的意
识。虽然无法说得很清楚，不过我自己很想与大历史联结在一起。所
有的事情都已经发生，因此所谓的"新"只是被忘却的事情而已——
博尔赫斯是这么写的。这看起来像是个既没有内容也不着边际的思考
方式，但是我却非常喜欢这个想象。也就是说历史是无限的，然后
所有的过去都与我们直接联结在一起，而自己所作的提案，很迅速地
开始具备在历史中的责任分工，我的感觉是这样子的。因此我才想要
提示一些模型的。只不过在我设计的场合，或许会出现很强烈的自我
[笑]。

西泽　自我，是吗 [笑] ？
这么说来，在 House N 所感受到的，或者说是自我，有一种强烈感受
到"图"的感觉。
藤本兄所作的东西，图、插画的东西会令人留下深刻的印象。说不定
是因为藤本兄会自己画些小素描与图面来说明各个项目而让我有这样
的感觉。藤本兄所画的图，我认为并不是来自那种与"空间计划／用

途"、环境、社会之类的这些外部事物的互动所产生的图，而是来自于藤本兄个人所呈现的东西。我之所以会得到作品是在街上很猛然地出现的这个印象，或许也和这件事有关吧。

藤本　原来如此。的确，我有着想要坚持那个画图的自己。感觉上可以从中挖掘出喜悦。

西泽　不过，虽然说是图，和石上纯也所画的那种纤细的图又完全不一样，而有着藤本兄特有的大气与悠闲的感觉呢。

藤本　就我自己来说，所谓的图式化，我认为那有点像是将它变成象形文字。并不是以图本身的调性与表现为目的，而是与言语化、命名的这类事情很相近。如果是象形文字的话，不管画得很烂还是很好都能够传达其意义。这么一来，将某个建筑的创意与经验孕育成可以称之为语言的图式，那么这个创意也就能具有某种普遍性了吧。使用那个新的象形文字，各式各样的人就能够写成新诗与文章。对于图的执着与图的那份大气 / 随和，或许是来自于图本身的透明性吧。
　　话说回来，我在看西泽兄的建筑时，似乎变得有点搞不清楚究竟是非常着重形式，还是说完全没有着力在形式之上。

西泽　嗯，其实你说的无论哪一个都是对的［笑］。

藤本　可以这么说呢［笑］。不过，森山邸不也能够说是有着很强的形式性吗。但是，若只是思考形式的话或许是不会变成那样的吧。感觉上西泽兄的作品具有和模型的呈现形式完全不同层次的判断基准呢。

西泽　的确有这个部分。

藤本　刚才的乐园，或是废墟的话题也是，在我个人的状况中，还是会陷入究竟什么样的形式能够将那样的场给加以实现的思考当中。然后就产生了这个三重的子母构造，不过感觉上西泽兄似乎在更为舒缓的地方有了立足点，非常不可思议。特别是在看到 House A 的时候，就感觉到了这个部分会觉得为什么你就能够在这里做出果决的动作呢。

　　　不过，以 SANAA 来做的时候，就有着更明了一些的根据。那是妹岛和世先生的个性吗？

西泽　对于你所说的在更舒缓的地方有立足点的这个说法，我觉得隐约可以了解。我想起了之前藤本兄在看 House A 的时候，也对我说了和这相近的话。只不过，不管是 SANAA 也好，西泽事务所也罢，都同样带有明了的根据，或者说将它们给舍弃掉，将两方混在一起来做出建筑的这种感觉我认为是一样的。就算是洛桑案，虽然在整体构成上有着某种明了性，不过那种有机的造型只有明了度是做不出来的。

藤本　我觉得那似乎是能够明白的。

西泽　今天在看了藤本兄的建筑之后，除了觉得有某些共通点之外，也发觉
　　　有各种不同的地方。例如构造或"空间计划／用途"的这些事情，对
　　　我来说是重要的问题，我觉得或许可以从那里弄出有趣的建筑，但是
　　　今天让我所见到的藤本兄的建筑，无论是哪一个都没有特别感受到构
　　　造或"空间计划／用途"的存在或性格。我觉得这个自由度和我是不
　　　一样的。不过即便有这些不同之处，今天在谈话的过程中，藤本兄所
　　　说的事情我非常能够理解，也有很多地方深有同感呢。虽然做的建筑
　　　物不一样，但是在价值观的部分我感觉到是能够共享的，那真的非常
　　　有趣呢。

　　　　　　　　　　　　——House N、次世代木板小屋［mokuban］：
　　　　　　　　　　　　　　"最后的木屋"参观前后，于行驶的车辆中。

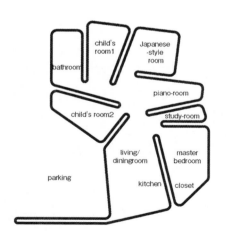

"T-House" 平面图

观赏 "House N" 的庭园

于 "神奈川工科大学 KAIT 工房"

十二月 神奈川

石上纯也

December in Kanagawa
JUNYA ISHIGAMI

崭新的布局

西泽　实际上这是第二次来到神奈川工科大学 KAIT 工房。上回似乎还没开始使用，是在开幕之后不久的时候。这一次可以看到人们使用这栋建筑物的风景，而得到了和上次不同的印象。就我个人来说，和上次比起来，我比较喜欢有人在里面使用的状况。可以说到处都是 local [局部] 的，或者应该说并不具有整体概念，我认为在里头到处有各种场所的出现这件事非常有趣。在一端有着谁都可以在那儿小憩一下的场所；在相邻处则是只有两人可以讨论与开会的场所；然后紧邻着这个场所的地方则有着谁都可以进行作业的场所。在这里，像这样的局部的场所可以说绵延不绝地连续在一起，这么说来感觉上似乎是石上先生所希望达成的某种新的统一概念。各种具备特质的场所随性在当中成立，给人一种就像是人们自己找到空地来创造出属于自己的角落，自然形成其使用方法的感觉。其实，第一次来到这里的时候并不太知道这些柱子有什么样的作用，但是今天重新看到之后，会觉得正因为有这些柱子，"局部的场所"的创造才得以实现呢。

不过，另一方面，并不仅止于"柱子究竟如何"的讨论，我甚至觉得或许没有地板与屋顶的这个分节会更好。而在某些地方之所以觉得很像空间装置，我想这或许和柱、地板及屋顶是有关系的。

石上　不过如果没有了地板与屋顶，岂不就更像"空间装置"了吗？

西泽 我认为与其说"不要有地板与屋顶比较好",还不如说是"不要以柱—地板—屋顶这个分节概念来处理比较好"。若能用既成的构筑方法以外的做法来创造出这种有着局部场所绵延不绝的空间,那么我想说的事也就可以说得比较直接而容易理解了吧。

在那里,有着如同置物处般乱七八糟的地方呢。像那种如同垃圾山一般的东西会很稀松平常地在这样的空间中发生,我觉得相当有趣。使用率高与使用率低的地方在空间上是联结在一起的。我上次来的时候并没有察觉,这回第一次见到而感觉到其魅力。我觉得这和空旷的那种普通的"单一空间"是相当不同的东西。

石上 我倒是对于柱子可以被看见这件事相当重视。

西泽 被看见的柱子?

石上 是的。我曾经特别拜托结构工程师小西泰孝先生在设计过程中,将柱子增加到 450 根。而这样的做法的确就犹如装置一样,而有了超越"柱子"这个概念的感觉。也就是说,与其说这些柱子是用来支撑建筑物全体的结构,还不如说只是拿来作为分割空间之用的隔间系统。相反地,一旦隔间太少的话,那么让柱子如此分散存在的理由就会变得很难理解。对于空间的影响也会消失无踪。

柱子是作为创造空间的要素而存在?还是作为支撑屋顶的构件?我想达成的目标其实就是并不属于这两者任何一方,是接近两者界限之间

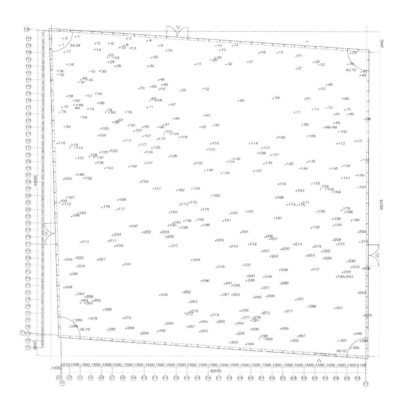

石上纯也建筑设计事务所"神奈川工科大学 KAIT 工房"2008 年。平面 1/500

的位置。当被问到这些柱子究竟是为了什么而存在的时候，我认为答案若只是"为了创造出空间"并不好。最后在结构上与空间上取得平衡所得出的结论，则多达 305 根柱子。

此外，一直到设计的中途，整个建筑物的天花板高度都是设定在 3 米左右高噢。不过，有一天我突然察觉到若真的这么做的话，那么这个以柱子的配置所构成的、在水平方向上所延展的空间将会太强烈，因此把整个高度抬高到 4.8 米高为止。这么一来，视线可以向上穿越也可以朝斜向穿越，单靠平面所无法完整表现出来的断面方向上的空间因而得以显现。结果，觉得透明的顶灯会比半透明的效果来得好。将外墙面处理成透明的质感，然后就如同往外的水平视线得以延展的那样，往上的部分也觉得视线能够延伸会比较好。整个设计过程就如以上所说。

西泽　的确，改变天花板的高度并将顶灯处理成透明的，这很容易让人理解其产生的效果。

以外观来创造空间

石上　我在 KAIT 工房之后，于威尼斯建筑双年展中设计了玻璃的温室［日本馆 Extreme Nature 极度自然，2008 年］，实际上做过尝试之后，有了几个心得。其中之一是光与影的整个散落，或者说光与影完全不做作地自然落下的状态真的非常棒。

"神奈川工科大学 KAIT 工房" 作业空间，铸造空间

在设计 KAIT 工房的最初阶段，我认为或许将室内的光线维持在一种
均质的状态，让空间的抽象度得以提升会比较好。那是因为我担心当
光与影落到空间里来，那么空间很可能会因着产生立体感而看起来非
常"造型"。然而，在进行各种检讨的过程里，开始觉得让细腻的光
影散落下来的状态，反而有着似乎将各种东西进行细腻地解体的感觉，
因此我觉得或许这反而很适合那个空间。而抽象度在感觉上也有所提
升。这对我个人来说算是一大发现。

我觉得在双年展［威尼斯建筑双年展］的时候或许也可将这个原理加以
应用。我之所以会这么想，主要是因为会场周遭的空间，也是由花草
树木所创造出来的细腻空间集合所构成的。我觉得在将细腻的空间和
建筑的尺度相连接的时候，这些细致的光影是可以利用的。在天气好
的时候，那就如同树荫般的情境，有着闪烁的光影落下的感觉。那就
像是置身在一片大树叶下所感受到的那样，明亮的光与影让我觉得真
的非常漂亮。不过也不是说有着些闪闪发亮的光就是好的。是光打在
柱子上，光与柱子的线被分解，呈现出各种对象与产生的光影混合在
一起的状态。我感觉到那个状态虽然非常复杂，但整个空间却也具备
了某种抽象度。那或许和自然中所具有的抽象性是非常接近的质感吧。

西泽　那阴天的时候又是什么样的感觉呢?

石上　白色的柱子会变得很醒目，玻璃与植物的物质感也很清楚地表现出来，
　　　内部与周遭的景观变得无法融合。这倒是我始料未及的。

石上纯也建筑设计事务所"威尼斯建筑双年展日本馆 Extreme Nature（极度自然）"2008 年

然后，在 KAIT 工房的外观上也有了发现。我也认为外观应该是可以当作空间来加以感知的。在之前去了十和田的时候也曾经谈过［P48］，坐车子经过森林的时候，森林的全体性不也是可以感觉得到吗？在做 KAIT 工房这个案子的时候，与其说是在做"单体式的建筑"，还不如说是更多地意识到所谓的"环境"。实际上整个盖起来的时候，对于其可能性有了真实的感受。

在双年展的时候，因为安全上的问题，因此无法让人们进到玻璃的温室当中，反而发现通过从外部创作空间来做建筑上的思考也挺好。

西泽 双年展的场合，其内部是呈现出来的，也就是说我并未能感觉得到所谓的外观……至于这个 KAIT 工房，怎么说呢，就外观的登场而言相当具有戏剧性。站在建筑物前的时候，有着如同是在看电影般的那种惊讶与震撼。这栋建筑物在某种意义上，外面或许比里面更令人惊奇。

石上 这栋工房，借由内部与外部同样明亮地加以呈现，我认为能够达成一种几乎让人搞不清楚究竟置身于建筑物之内或之外的效果，达到了内部与外部是连续在一起的空间效果。

我的想法是这个连续性可以成为创造出崭新的外部空间的手段／方法。对于基地的周边，我认为并不是说建筑物该怎么摆，而是应该能够去想象在那儿该怎么创造出新的风景才对。

在设计山本耀司纽约甘斯沃尔特街店（Yohji Yamamoto New York Gansevoort street store，2008 年）的时候，我也一直针对外部空间来进行思考。虽然是完全不同的途径，不过我很想创造出属于纽约街道上的崭新的外部空间。

超越效果

西泽　关于建筑的、空间的效果这个部分想要稍微请教你一下。就我的状况来说，所谓的做设计这件事，模型已经成为思考的核心了。在过去是平面与模型这两方面作为对等的核心，然而最近模型这一边却渐渐地变成中心了。这可以说因为模型是最能展现空间效果的工具，例如，天花板的高度这么高可以产生这样的效果、地板与屋顶与其用这样的曲线还不如以那样的曲线才会更有效果等等，使用模型的话就很能够理解所要呈现的效果。因此模型就变得越来越大。不过，在持续做大模型进行思考的过程中，不知不觉地对以效果为目标的自己产生了疑问。于是，我开始意识到不要任何事物都以效果来决定。当然我也不否定为了确认效果所做的模型，所以未来我想还是会继续使用模型来进行思考，而且也是会继续注重所谓的效果，不过，不仅仅只用效果来创作建筑的这个想法倒是变得更大、更坚定了。

石上　那真的是很困难呢。

西泽　嗯。虽然如此，不过也就因为这样，所以想要在这里进行讨论。所谓超越"效果"，指的是超越了"模型本身"，还是说超越了"模型代表的建筑"？这些事情也是包括在内的。 我认为这恐怕也和抽象的问题联结在一起。我之所以如此在意效果，主要是针对具体的东西与抽象的东西该如何思考，而且感觉上这样的事情似乎在某处也是有所关联的。

石上 原来如此。的确，如果对于效果过度期待的话，那么具体性就会胜出，感觉上甚至连建筑的抽象性都会被视为是在那个效果中建立的。然而，在建筑是具体存在的同时，也希望它是抽象的呢。就这个意义而言，被具体的效果所吞噬的抽象性，或许就无法成为与具体性等值的存在了。

西泽 的确是这样的呢。

石上 我个人的想法是要以自然这个东西为目标，而这个想法和刚才所提到的部分我认为也是有关系的。抽象与具象该如何混合，有效果的东西和乱成一团的东西又该如何混合？我对于这些关系所创造出的崭新平衡非常有兴趣。我认为那和自己所无法想象的、潜藏于自己体内的某个想象广度是联结在一起的。

西泽 所谓的空间效果，不也是在某个特定的条件下发生的吗？例如光从这边进来的话看起来会非常精彩，而从某个角度看起来的话，就会是其他效果等等。不过，一旦将建筑做较为概念性的思考时，感觉上却又

石上纯也建筑设计事务所山本耀司纽约甘斯沃尔特街店 2008 年

会变得无法只以这些个别的体验来做建筑了。以形式这个层次来思考"物"，在某种意义上，不也就是超越了个别体验的吗？

石上　西泽兄在濑户内海的某座岛上进行的那个以水滴为造型的美术馆（T-project，2004 年— ），就空间效果而言，您是怎么想的呢？我个人倒是认为很有西泽兄的味道噢。

西泽　是指什么地方呢？

石上　可以感受得到作为对象的普遍性。我感受到了崭新空间的存在方法的可能性。我认为那并不是以"未曾存在过的事物"来作为前提，而是以"作为能够一直在那里存在下去的东西，作为能够持续接受变动状态的东西"来进行创作的。

西泽　T-project 由于已经花了相当多的时间，或许很难用一句话将我在脑海中所想的各种事情整理出来，比较经常在想的事情，或许不见得非得是建筑不可，而是类似试图超越建筑物之存在的默然意象。例如山丘或道路这一类的存在，我所思考的是那种可以说是自然也可以说是人工的东西。

还有一个我一直都在想的问题是，并非仅仅思考建筑单体，而是和环境一起思考，和艺术作品一起思考。虽然是这么说，不过基地也变得和以前不一样了，而艺术作品的细节也未曾全部固定下来，因此相当困难，然而至少就创作的姿态而言，在思考建筑单体时也和都市空间一起思考、和环境的连续性一起思考，重视的是不把自己的想象力限定在建筑单体之上。如果想象的只是从环境切离开的建筑物，那么无论如何都会有一种停留在近似模型状态的感觉。

石上 不过，西泽兄这个水滴造型建筑物的好，我认为就在于它并不否定效果。一来毕竟在建筑当中，很显然是有着通过效果来产生的空间，而且感觉上也因着这样的处理而变得丰富。感觉上那个部分是非常坦然、自然地在进行着。我认为在某种意义上那或许可以说是所谓的正攻法吧。如果不是这样的感觉，那么所谓超越效果恐怕是办不到的吧。无视效果的存在而企图超越效果，我想大概是不可能的吧。

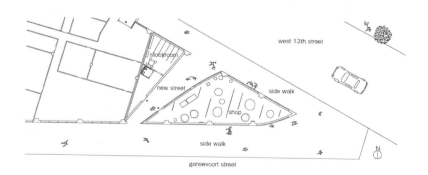

山本耀司纽约甘斯沃尔特街店 平面 1/800

例如古罗马遗迹周边，呈现了都市计划与建筑极为一体化的空间。在那里，空间的效果与想要超越它的抽象性和超越建筑意图的动态性，感觉上是同时存在的。我想要试着去思考这种建筑的做法。

建筑在完成之后离开设计者的掌控的瞬间，和在那里已经被接纳的建筑物相比较，一般来说看起来不自然的建筑物会变得很明显。我觉得在罗马似乎有着什么决定性的不同做法存在。

西泽　肯定是有的吧。

石上　前一阵子，久违地去了一趟法国蓬皮杜艺术中心。我发觉它和整个街道的气氛非常地吻合。虽然很明显地并不是整个溶解在都市风景中，但就是很不可思议地与整个城市很合得起来。毕尔巴鄂的古根海姆美术馆我也拥有同样的感觉。从这两个案子当中所感受到的，做出新建筑与创造出新世界是相当接近的。我认为那当中产生了一种和周遭环境所无法相比的、崭新次元的空间。例如天空或山这一类的东西，是超越了建筑而给予我们的环境重大影响的。所谓超越建筑的效果，或许就是指这样的事。

西泽　的确是。

石上　或许会有些语病在也不一定，所谓的"不想作装饰性的处理"，对我自己来说是相当清楚的噢。不过这和否定装饰本身却有点不一样。这种想法也许比较接近于讨厌只是单纯地把装饰作为效果。

例如教会的装饰，我认为就是具有机能性的。它们成了教会的使用方法当中最重要的部分。在进到教会的瞬间，不是都可以感受到那个包含了装饰的空间质感吗？那样的质感我认为与教会的"空间计划／用途"是相当符合的。也就是说，教会空间中的装饰，是教会机能的一部分，也因着有这些装饰，而得以成为进行礼拜的空间。感觉上这样的东西所创造出的空间质感与建筑机能是结合在一起的。我觉得若能够勇敢地逐渐将某种建筑的根本部分加以改变的话会是好的吧。

拓展概念的粗略性

西泽　我的想法是，并不只是在效果的层次上作新的尝试而已，在形式的层次上做出新的东西也是很重要的，不是吗？刚才你所提到的毕尔巴鄂也好，蓬皮杜也好，并不是以效果为目标，而是在那当中有着很强烈的概念性存在。

此外，我认为那虽然是个别作品所会遇到的挑战，但同时似乎也是涉足数个作品群的东西吧。

石上　的确是。也因此，与其说是造出建筑物，还不如说更想在同时创造出其背后扩展的、类似世界观般的东西呢。

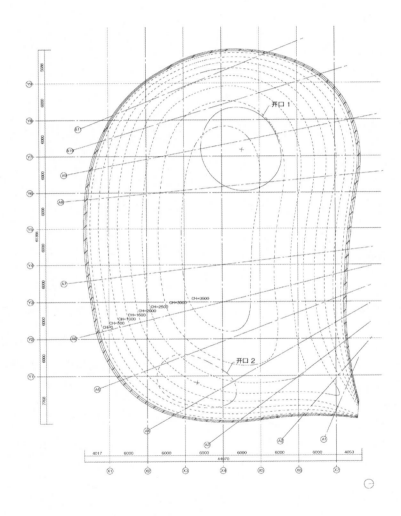

开口 1

开口 2

CH=3500
CH=3000
CH=2500
CH=2000
CH=1500
CH=1000
CH=500
CH=0

西泽立卫建筑设计事务所 "T-project" 2004 年 - 。平面 1/600

西泽　是啊。

石上　不过，如果我的意图在建筑上被过度表达出来的话，感觉会发生不一
　　　致的现象。总觉得把它处理成任一边都可以被阅读出来的暧昧状态，
　　　才能做得出我们未曾设定的空间与用途。

　　　例如 KAIT 工房的柱子，我认为如果要去说明个别的柱子为什么会落
　　　在那里的理由，那么它们将会不知不觉变成一种封闭的系统。虽然事
　　　实上的确也有其决定性，不过不正是因为看不清楚所以才觉得很开放
　　　吗？如果真要说的话，是想要保持着会让人觉得"这么做也挺好的呢"
　　　的那种幅度吧。

　　　只要是人类进行创作，那么以主观来决定的部分一定都会存在的，而
　　　将这件事说明得任谁都能够理解是非常重要的。不过就我自己的立场
　　　来说，虽然几乎不可能都说明白，不过我认为还是想要保持住某些任
　　　谁都能够接受的余白。

　　　例如，西泽兄的 House A 的各个断面。那样的处理究竟好不好，感觉
　　　上是很难说明的。似乎整个整体概念有些许的瓦解。但却也因着这样
　　　的处理，而使得空间变得轻盈而柔软。

西泽　或许的确是这样的吧。

石上　我认为将统一概念扩展之后，就会产生连自己也无法说明的部分出来。
　　　我认为或许是可以把"粗略"（Roughness）这样的东西，作为建筑概

念的一部分来加以处理的吧。

西泽　将"粗略"带进建筑?

石上　是啊。例如在这个工房当中因为进行着各式各样的作业，因此很必然
　　　地会在地板上出现配线，也会装上新的机械等等。不过我想做的东西
　　　还不至于想让它变得完全不纯粹，而是一种能够让人在不知不觉中接
　　　受的状态。

西泽　我隐约可以理解那样的感觉。
　　　不过虽然你这么说，但是这栋建筑物可是有着非常完美的取向的噢

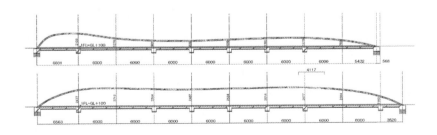

"T-project"断面。1/600

[笑]。有着着眼于暧昧或粗略的石上兄存在的同时，也有着若不严谨地来做就会感到无比嫌恶的另一种性格的石上兄存在吧。

石上 的确是啊 [笑]。

西泽 感觉上这个极端完美的志向成了这栋建筑物的个性。

石上 或许也有让粗略与完美同时存在的做法吧 [笑]。

西泽 到底是粗略还是完美，变得越来越搞不清楚了 [笑]。

石上 对啊 [笑]。不过我觉得自己可能是有意地"将'这样的完美究竟该如何成立'这件事给搞得很难理解"。我认为这样的事对我而言是非常重要的。例如，森林里的树木的排列或许就是完美的。那个理由或许是可以被解析出来的，不过我们却并不知道。实际上，要让法则变得看不见，我认为是相当困难的。例如，顺应着格子等单纯的几何学来想些什么，一方面容易理解也容易控制。相较之下，在试着让法则看不见或者说使它瓦解的这种状态下来控制空间，或许在某些部分上是需要完美性与绵密性的。我认为那与其说是以某种形式为目标，还不如说那是想完全摆脱形式束缚的手段。然后，若能从那里创造出一个得以诱发想象力的世界不也是很好的吗？

西泽　包含你所谈到的这些，我认为石上兄果然还是以"完美"为目标的。普通人的话，不都是做些稍微日常一些的东西吗？

石上　我姑且也是打算用很日常的感觉来做设计的呢……

西泽　不过，做得相当致密呢。

石上　就这个意义上来说的话，我想自己的确是相当绵密地来进行着的。因为感觉上借由这样的动作，会产生一个可以被打开的世界。

西泽　或许真的是这样吧。这栋建筑物的外观，有某种异常性，大量地散发出石上兄某种偏执性格的气味，成了和普通建筑完全不同的存在，很有石上兄的风格，我觉得非常有意思。

将概念作为空间来加以实证

西泽　接下来想稍微转换一下话题。所谓柯布西耶的建筑，我认为是指具有作为实空间的丰富度，并具有概念的部分。这是指概念非常生动的意思吗？例如，混凝土的方形立柱之间要装进玻璃的时候，明明就是装上框会比较容易施工，然而却勉强地不放进去，而让玻璃与混凝土直接联结在一起。从这样的做法来看，会感受到非常粗犷与激烈的感觉，但同时也能够感受到他很概念性的部分。在做着很暴力的事情的同时，也让人得以同时感受到某种透明性或作为概念的干净的、明确性的成分。

石上　感觉上就柯布西耶的立场而言，无论是概念或建物都是在同一个次元作为一个作品被创造出来的。无论是盖出建筑物、思考、还是绘画等等，不都是被一视同仁地平等对待的吗？在这当中可以感受得到柯布西耶的透明性与宽广性。而那种保持平衡的方式也让人觉得格外地纤细。

西泽　不过，也有着相当粗糙而马虎的地方噢，例如什么现代建筑的五原则——独立支柱与屋顶庭园、自由平面、自由立面、水平连续窗，例如自由立面与水平连续窗所讲的几乎是同一件事。从这个意义上来说，可以说是很粗糙地举出了 5 点呢。

石上　或许的确是有点粗糙吧，不过可以感觉得出他的目的是同时想保有"5"这个数字所具有的形式性或者说强烈的整合性。

西泽　的确是。这个"5"，想必是相当重要的吧。很相似的两条原则被放进了形式性强的"5"这个整合当中，我认为肯定是重要的吧。那里是快乐的，或者说是人性的，并不用逻辑来进行整顿。就算是可以数出 5 个，我认为这个数法也在很大程度上表达出了柯布西耶的价值观。

石上　或许的确是这样。和柯布西耶相较之下，密斯所带有的概念，感觉上在某些地方是比较粗略的。柯布西耶以各种手法描绘出了丰富的新世界，结果［若不在乎会引起误解的话］感觉上相对地来说他的概念比较正确地被推广到了这个世界上。至于密斯这一边，感觉上他充其量也只是试图借由创作建筑来达成其概念上的传达。从那当中所能读取到的意图非常多样，随着阅读方法的不同可以有不同的解释。我认为在密斯的概念中可能就有着这种粗略的成分。而这个部分非常有魅力，某种意义上可以说是超越了所有的"物"，而和我们在自然环境中可以找出来的概念极为相近。

西泽　所谓密斯所带有的概念是"粗略"的，倒是很有趣的说法呢。

石上　看了柯布西耶的透视图之后，会发现汽车与飞机等让人感受到时代的东西被描绘出来，但是在密斯的透视图上却是没有的。密斯的概念有着超越时代的部分。

西泽　的确有。
　　　密斯的建筑也是这样的，和同时代的建筑家作品摆在一起时，看起来不像是同时代的产物。感觉上仿佛有一种只有密斯存在的时代。此外，密斯虽然超越了时代，不过同时也非常具有厚度，或者说也是有古典气质的。似乎他比所谓的现代主义更为古老，就好像是欧洲的历史流到这里而变成了密斯似的。

石上兄所使用的语言，我觉得经常都与对于现代性的讨论联结在一起。无论是用什么样的单字，例如就算是"建筑"也好、"粗略"也好、"抽象性"也好，无论是哪一个都好，亦即无论什么样的概念，都有着试图以现代的感受性来重新捕捉及重新发言的这个部分，我对此很有同感。

石上　是这样的吗？听您这么说实在觉得非常高兴。

　　　和西泽兄以这样的形式做对谈可以说是第一次，我觉得非常刺激，而且自己脑袋里的东西也得到了整理。再次感谢今天宝贵的谈话。

——于神奈川工科大学KAIT工房

"神奈川工科大学 KAIT 工房" 入口

观看"神奈川工科大学 KAIT 工房"顶灯

于"鬼石多目的演艺厅"

妹岛和世
长谷川佑子
四月 群马

April in Gunma
KAZUYO SEJIMA
YUKO HASEGAWA

借由曲线与街道相连

西泽　关于鬼石多目的演艺厅［2003 年］这个案子，虽然实际上今天是第一次亲眼见到，不过真的很棒。非常自由，同时也感受到了它的丰富。感觉上好像已经很久没有在看了建筑之后这么感动过了。建筑物全体虽然都是曲线，但是几乎感受不到像奥斯卡·尼迈耶（Oscar Niemeyer）作品中的曲线的那种强烈感。究竟是感受不到那个"形"呢，还是说那是一种空间的丰饶感残留在体内的印象？这种气氛，不实际来这里走一趟或许是很难理解的吧。怎么样？在很久之后再回来看这个案子？

妹岛　刚才，在前厅有狗和鸟跑进来了呀［笑］。栋与栋之间的曲线道路有小孩子们或骑脚踏车的阿伯经过，看着在广场上的年长者们聊着天的样子，感觉上实在很不错。因为我从竞图阶段就很希望做出一个让镇上的人们可以自由地来来去去，如同广场般的场所。

西泽　和整个城镇间的关系我也觉得很好。建筑的高度很恰当，既有延伸到很前面来的，也有退到很后面而做出广场的部分，建筑的动态与周遭可以说恰如其分地搭配在一起。或者是说，不仅仅彼此很合得来而已，而且是让人感觉到创造出了良好的周边环境。

妹岛　由于基地周边有很多一二层楼高的民居，所以我觉得如果盖了巨大的建筑物，将会成为一个非常封闭的场所。于是我决定将建筑物分成三个量体，借由将比较需要高度的体育馆及多功能演艺厅放进半地下的这个做法，使得镇上的人们可以透过玻璃来看见内部的活动，只要觉得很有趣的话就可以马上加入。无论何时都可以作为生活的延长来加以接触。这是我希望能够在这个设施的内外来去自如的缘故。实际上这样的状况也真的发生了，而稍早之前盖好的小学的孩子们也都会穿越过这栋建筑物的中央，因为这么走比较近［笑］。

西泽　那是因为和小学的土地相连而联系在一起的关系吧。不过我感到这当中有着只以能够自由地来来去去所无法说明的丰富度。明明就像是溶解进整个城镇般地联系在一起，但是建筑的强度却又完全没有任何的动摇，实在非常厉害。

　　　然后，或许因为我是在妹岛事务所工作很久的人所以才感觉到的吧，我觉得这个作品真的是妹岛老师的建筑。无论是细部也好、空间也好，这个作品在整体上，从妹岛出道的20世纪80年代后半期开始已经大约过了二十年，其中也曾发生过许多的事，然而我却感觉到她跨越了所有的一切而和这个作品联结在一起似的，有着完全衔接在一起的连续感。而这种天花板的木材，虽然之前就听说是在竞图时所要求的条件，但是却完全看不出是所谓的要求条件呢。

妹岛　不过，如果不是要求条件的话，我想或许就不会有用木头来做出体育馆的结构的念头了。

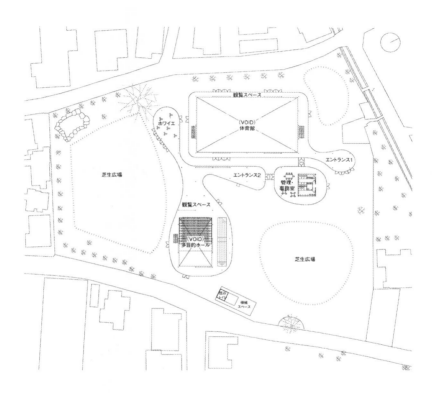

妹岛和世建筑设计事务所 "鬼石多目的演艺厅" 2003 年。1F 平面 1/1000

西泽　虽然的确是这样，不过这个作品很有妹岛老师的风格噢。

建筑物的这个部分是被要求的条件，而这个部分则是个人提案的部分等等，没有做出这种区别的必要，全部都还是得整合成一体的才行，我对这些观念重新有了深刻的感觉。话说回来，记得在竞图时的设计案，外形上好像是四边形吧。

妹岛　是啊。是把四边形用曲线加以贯穿的计划。在竞图之后，在听从了广场想要这样、想要那样的要求与期望的过程中，开始感到这个场所似乎没有从四边形来开始构思的必然性。然后，在思考外形与内形的同时，整个计划才终于开始出现了具体的轮廓。在这个过程中其实也曾经因没能够整理得很好而吃了许多的苦头。

西泽　因着将四边形的外观给拿掉，使得曲线不仅只是内部的问题，外面也同样有问题出现。借由这样的做法将建筑的形加以瓦解，而试图更直接地与整个街道联结在一起。由于我是在近距离观察的，因此大致知道这个案子整个设计的过程，不过在实地看过之后，从中感觉不到整个设计变迁的过程，对于这一点我觉得实在很了不起。

将身体加以扩张

长谷川　刚才西泽先生谈到了尼迈耶先生与妹岛老师在曲线上的差异。我认为尼迈耶的状况是从形态出发来思考建筑的吧，然而妹岛老师的建

"鬼石多目的演艺厅"弯曲的玻璃墙面

筑则好像是在引导内在行为似的。

刚才，在那当中走了走，感觉到了空间的膨胀与收缩。不过如果天花板再稍微高一点的话，肯定是无法有同样的感觉的吧。恐怕因着这个天花板的高度而使得身体空间被延长，而创造出了自身内在空间得以既膨胀又收缩，并且使得外面可见的风景被时而推远、时而拉近的这种在其他地方所未曾有过的体验。也就是所谓的"身体扩张型建筑"呢［笑］。

然后，我也请教妹岛关于内在体验的"空间计划／用途"究竟如何模拟，结果竟然得到了"这我可不知道"的答案［笑］。那肯定是类似天性般的东西／特质吧。

妹岛　不不不，我也不太清楚［笑］。

长谷川　然后，是这个影子。之前我在巴黎市立近代美术馆看了乔治·德·基里科的画。基里科的作品之所以如此所强烈地倾诉到人们的心坎里，与其说是画里的那些空间，还不如说是影子更具有这样的效果。或许是因为今天天气很好，所以，影子看起来似乎够浓，因而让我想起了那时候的体验吧。有日照的空间是膨胀的，而影子的空间则会收缩。因着影子的关系，空间的量体感有了变化。在这栋建筑物里再怎么走都不觉得腻或许是这样的缘故吧。

妹岛　因着将体育馆与演艺厅的半地下化，而使得有着低低的影子的场所与明亮的场所可以同时出现。

西泽　体育馆真的很棒。原本以为是被塞进地底下，但却完全没有这样的感觉，反而因着有一半在地表下的缘故而产生阴影，有着不可思议的透明感，也能够感受整个街道上的气氛。这样的感觉通过看杂志图片是无法理解的。

　　然后，关于这条曲线，虽然会与刚才提到看不出曲线有些矛盾，不过因着这条曲线，而产生了能够同时看到内部与外部的效果，真的非常有趣。是个新鲜的体验。

妹岛　是啊。从鼓起来的玻璃墙面往内部看的话，可以看得见那儿所举办的活动，感受得到内部空间的气氛。不过，走到墙壁凹陷的地方去的话，外部就在瞬间变得靠近了。有时候也会感到自己的身体是位于对面的外部空间似的。虽然我不知道这是否真的是来自于曲线的效果，不过各种空间的深度，创造出了各式各样的空间关系。

西泽　是啊。在外面一边走一边往里面看的话，感觉上就很像自己现在是同时看着内部与外部呢。

既非箱形也非构架式构造

妹岛　在鬼石案中，我认为虽然在很大程度上意识到了关于内部与外部的

"鬼石多目的演艺厅"体育馆

关系，但是在造型上却没有能够完全地加以控制住。

西泽　的确是噢。不过，包括这一点或许也可以说是"妹岛式"的风格吧。虽然未能完全控制，但却能感受到不斤斤计较这些小节的动态性格。我在这回看过这个作品之后，深深感觉到就算再怎么严密地整理造型，再怎么让细部更加洗练，建筑也不见得就一定会变得多棒多精彩。

妹岛　不，我觉得还可以处理得更好。

不过，就在试图想要控制所有的一切，并用计算机加以仿真之后，在某个瞬间就会血淋淋地暴露出非常丑陋的东西。就如同是自己完全没有思考过的那样，某个断面就这样被表现出来。因为计算机就是会把任何东西不加区别地画出来的缘故。

西泽　劳力士学习中心就是个好例子。相当丑的东西就这样地在建筑的中心全部显露出来。就那种以二维空间的价值观来加以整理的建筑而言，例如就会有以立面或平面作为象征该建筑的整体形象的面出现，而成为该怎么把该建筑加以整理的依据 [Guild Line]。虽然知道整理的方法，但是直接以三维空间来做的话，在那边所出现的立面在某种意义上只会是在复杂的三维空间之下所计算的结果，而会变得未必是象征该建筑的整体形象。

长谷川　你刚刚说到所谓的"丑陋"，是因为超越了自己的想象，产生了抵触心理而使用了"丑陋"这个字眼吗？

西泽　就是让人毛骨悚然，的确就是所谓丑陋的形会跑出来。然后，没能控制住的部分到处出现这一点也包含在当中吧。

长谷川　可是以计算机来进行仿真的时候，应该是可以从全方位进行确认的吧。

西泽　当然可以确认。不过，无论再怎么确认，那份丑陋就是无法消除。就算在发现很糟糕的部分之后即刻加以修正，又会在其他的地方产生其他丑陋的东西，因此这份丑陋是绝对无法抹消掉的。
我觉得计算机本来就是不具有所谓的美丑概念的。这并不是一种否定的说法，我认为还不如说三维空间媒体的厉害之处，是通过计算机的创造所带来的某种新鲜感，它追求的与既有建筑创造的基准是完全不一样的，只不过我们一直都还未有真正的理解与体会吧。

妹岛　如果说是关于建筑的做法，我从某个时期就开始觉得，或许不能再去做那些构筑式的建筑物了。例如在鬼石案中，虽然是以柱子与屋顶来整理建筑，但也曾以面形或箱形来处理。然而，我已感觉到就算是从这样的建筑构成来导引出形态，事实上也不会产生什么新意。总觉得思考建筑物单体的组合方式的做法，到头来也不过就是在思考装饰模式而已。

西泽　或许是这样吧。

妹岛　就建筑的做法而言，西泽先生的 House A 虽然是以构架式的结构所构成，但是从外侧来看却像是个箱子呢。我认为那是偶然形成的结果，从一个作品的角度上来讲，我认为整个控制的处理可以说是半吊子的。对于这件事我也曾对西泽先生说过很多次。

然而，后来我却发觉这个既非箱形也非构架式的空间并不是半吊子的东西，这个创作的过程本身就是它的价值所在。虽然我从来未曾想过，不过却能够觉得的确有这种空间的存在。

西泽　是在什么样的状况下而有了这样的想法呢？

妹岛　是啊，究竟是怎么一回事呢［笑］。可能是看了学生的设计课题吧。一开始虽然只是个让人觉得连结构都无法成立的、乱七八糟的设计方案，但是不知道怎么一回事还是很关注。然后，我突然有了"原来如此"的感觉，而变得认为原来西泽先生想做的并不是折中的方案，而是在那当中存在新型空间啊。

西泽　这么说来，那可还真是托了那个学生的福呢［笑］。

人类与风景的触发

西泽　当原广司先生在看森山邸与 House A 的时候，他提到就算将建筑朝

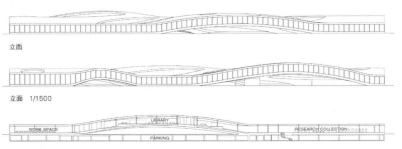

立面

立面　1/1500

剖面　1/1500

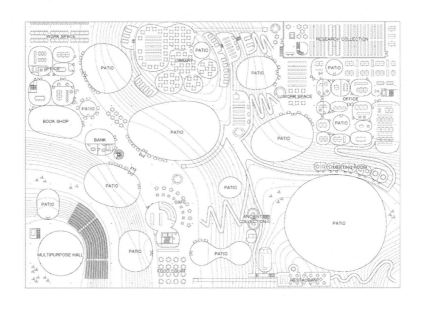

SANAA "劳力士学习中心" 2010 年 [瑞士洛桑]。平面 1/1500

向都市打开，也不认为建筑世界就可能不会损坏，由于我未曾有过这样的思考方式所以觉得非常新鲜，不过我今天却感受到了原先生针对森山邸所提出的看法。鬼石案虽然是开放的，然而非但建筑的丰富度完全没有被损害，感觉上还不如说变成了更深刻而丰富的存在才对。

长谷川 产生了与"内外可以相互被看见"这个意义上的开放性层次完全不同的现象呢。我在这栋建筑物中所感受到的是一种触媒性。走在外面的人们当然是如此，但风景本身得到了触发，而位于内部的我们的感觉也受到了触发。由于这个触发的方式只能够来自于个人的体验，因而是无法被记述的，但是我认为在这栋建筑物里的确有着那种在相互认识上源源不绝、不断更新的触媒性存在。

刚才，在健身房看到了使用着跑步机慢跑的欧巴桑。我总觉得因为看着玻璃对面的那些坟墓来慢跑，她们的人生观也会开始改变吧 [笑]。感觉上这栋建筑物在无意识的层次上改变了周边的环境与居民。

那和不断地进行再生的，"神道[1] 的时间概念"非常接近。我之所以会联想到神社建筑，是受到持续不断地产生的这种代谢性与触媒性所吸引的缘故。从这栋建筑身上感受到了与那相近的感觉。就算是

1　日本的传统民族宗教，最初以自然崇拜为主，属于泛灵多神信仰 [精灵崇拜]，视自然界各种动植物为神祇。——译注

从外面看不见的不透明的东西，妹岛先生不也是能够做出以触媒性作为机能的那种建筑吗。

金泽 21 世纪美术馆［2004 年］由于具有文化的，或者说是推广启蒙教育的明确的空间计划，而且也比较容易加以响应进到那个场域的人们，然而在鬼石一案中，即便目的并不明确，但却改变了整个周围的状况。这栋建筑看起来之所以有那么一点激进就是这个缘故。我认为这或许就是如此震撼了西泽先生的理由之一吧。

西泽　金泽 21 世纪美术馆这栋建筑物，的确可以看得见其响应空间计划的形式所制造出来的轨迹。相较之下，鬼石案当中则没有这个部分。看起来并不是从"空间计划／用途"所创造出来的结果。虽然看不见，但是感觉上它仍是栋在根本上与"空间计划／用途"或人们的活动密切相关的建筑。

长谷川　我认为将建筑朝着都市加以开放的时候，所必要的并不只是对于周遭的宽容，还在于企图将周围加以改变的意志。因为我是如此强烈地提案了，所以希望你也能够参与。我认为让空间能够具备宽容以及某种强制性的力量在里头的这件事，就是一种新的"空间计划／用途"。

我从时尚设计师川久保玲身上也感受到了与上述相近的特质，有着通过作品来改变周围的意愿存在。不过就川久保小姐的状况来说，由于表达这个讯息的媒介是衣服，因此可以马上被反映出来，而鬼

劳力士学习中心 露台图

石案则比较属于那种随着时间的经过而渗透的东西。

不过就算如此，在妹岛与 SANAA 的作品里的建筑体验，每个都很不一样呢。

西泽　这个鬼石案，和洛桑案可以说是完全不一样的呢。

妹岛　是的。在鬼石案当中，借由曲线使得内部与外部在平面上接近与远离的现象得以发生；而托雷多美术馆的玻璃展览馆 [2006 年]，则做到了远方场所与邻近场所相互重叠与消失的那种外部与内部的关系性。在新美术馆 [2007 年]，则是试图在断面的方向上来思考上述的关系性。至于洛桑的劳力士学习中心一案，我则认为是把在各个平面与断面的各种零星的尝试做出了整体性的整顿。因为在地板出现了曲面的缘故，所以我认为这样的现象也会在立体的向度上产生。

长谷川　洛桑一案是借由如同在丘陵般的场所中上上下下的这个动作，想象着对面的风景可以看得到或看不到的这种体验的实现。此外，有着各种大小的中庭呢。从窗户往外看，便可以看得到在中庭里闲聊的人们的身影。

妹岛　是啊。在中庭有咖啡室，而在它的对面又可以看到别的室内景象。

"鬼石多目的演艺厅"健身房

SANAA "金泽 21 世纪美术馆" 2004 年

长谷川　外面的景观是怎么样地被感受的呢?

妹岛　从建筑物的入口进去的那个瞬间，迎面而来可以看见的是远处的山脉与湖泊，然而随着地板的起伏也会突然变成远景。就算是在高处，然而因着屋顶的下垂而看不见外面，或是相反地在比较低的地方也会因为屋顶的上升而得以感受到位于外部的气息。

长谷川　那是将墙壁加以曲线化以及将地板与天花加以曲线化的意思。在那儿所发生的体验似乎很可能会变成完全不同的东西呢。

动态而柔软的造型

长谷川　在西泽先生的建筑里，我认为带有曲线而较为突出的作品要数现在正在濑户内海进行的 T-project 一案。是在什么样的程序下而使曲线出现的呢? 此外，是否也请你谈谈对于其效果的想法?

西泽　我是从做出一个"单一空间"的美术馆这个地方开始，然后针对四方形与将它扭曲的造型等等作了各种研究与思考。不过到最后，或者说"单一空间"中的"单一空间"，还是最为简单的"单一空间"之类的吧，我开始觉得那不会是四方形，而该是以没有角的单一笔画的连续性曲线画出的圈圈所围绕的空间才对。此外，在思考着能够符合被海所包围、自然环境丰富这一场所特征的过程中，也觉得能够和地形有所呼应的那种有机形状比较好。刚好海比较近，因此我制作的水滴的图解，试图对动态的形、有机而柔软的造型进行说明。

妹岛　事实上，我在"水滴"的这个部分感到有些许的不对劲。说到水滴，应该是圆滚滚的，有着某种膨胀而鼓鼓的想象［笑］。而 T-project 则稍微有着给人一种已经流出来的感觉。

西泽　水滴、水的意象，以及接下来的形该变成什么样子，完全抓不到头绪的那种流动性与柔软度，是在最初的想象中就已经存在的想法。还有，例如山丘或道路之类的土木工程的尺度等等，也在某些部分意识到了这些东西。

长谷川　妹岛的鬼石案，是从对于内部空间与外部空间的体验的仿真而产生了曲线。然后西泽先生在 T-project 中则意识到类似山丘般的地景。这可以说是非常特别地意识到了和外部风景之间的关系呢。那么有关内部与外部的关系，你又是怎么来思考的呢？有没有窗户呢？

西泽　屋顶开了两个洞，不过并没装上玻璃。一个开在比较高的地方，而另一个则位于端部那个比较低的部位，往那个方向走就会出到建筑物的外面。感觉上似乎还置身于内部，但却又已出到外面来了。

妹岛　我在旁边看着西泽先生工作的感想是，当他在确认模型的时候，并不只是在意光线从哪里注入，而是从"光线的注入方式"这个向度来注意建筑物的边缘会有什么样的变化。因此西泽事务所的模型有时候会以铝箔纸包起来。不只是 T-project 而已，在制作木屋［1999 年］那种以封闭的四方形所构成的东西时，我也感觉到了这个部分。

长谷川　原来如此。与其说是外部与内部的连续性，还不如说是思考着空间的质会因着光从量体的那个方向进到里面来而有什么样的改变及各种变化（variation）吗？

西泽　我是觉得并不是每次都这样啦。例如森山邸的那时候，如果要问是否也有考虑到这个部分，那坦白说还不至于到那种地步。不过做木屋的时候的确就是这样子来操作的。

长谷川　西泽先生对于透过光线来创造出空间的边缘这件事应该是相当有兴趣的吧。我觉得妹岛的状况是企图直接与外部状况发生关联性，但感觉上西泽先生与其说是将目光放在人们的生活上，还不如说是在一个更形而上的层次来思考这些事的吧。企图借由光来改变／调整量体的这个做法，不也就是这个思考的延长线上的某种尝试吗？

SANAA "托雷多美术馆玻璃展览馆" 2006 年

赋予崭新事物的看法

长谷川　非常困难的周遭环境，例如根本就不漂亮的近邻，周围密密麻麻地盖满了建筑物之类，在日本的确有这些令人无能为力的场所呢。如果被要求在这样的地方创造出建筑的话，主要还是会往创造出既有量体与新建量体之间的缓冲这个方向来思考的吗？还是说是从内部看起来怎么样、从外部看起来怎么样的这些事情上来思考呢？

妹岛　House A 的确就是位于这样的场所。因为盖满了古老的住宅所以很阴暗，而周遭的围篱也在工程开始之前看起来就很脏。然而，完成之后透过大开窗所看到的东西，看上去却变得很可爱。我认为那是通过与周遭保持的某种距离所实现的结果。那或许是那儿的可见物之信息量与建筑物所具有的信息量之间的一种均衡状态，我觉得那实在很不可思议。

西泽　实际上，我觉得大多数在东京所盖的木造家屋，都没有像人们所说的那么丑。

妹岛　稍微离开一点，也就是说有了不一样的距离之后，隔壁的围篱与门看起来会变得比较客观，或许反而会变成了令人觉得惆怅的风景吧。

长谷川　我认为这样的想法与 20 世纪 60 年代至 70 年代的新写实主义的思维

有类似的地方。例如阿尔曼（Arman）的某些作品就是收集了各种垃圾，然后以塑料来加以固定的雕刻。通过将我们日常所见的事物加以抽象化来让它产生不同的呈现方式。

在制作建筑的时候，以方体来固定空间，用窗户来撷取空间的手法，我认为都算是这种抽象化的行为。通过这样的动作，使得和周遭的环境之间产生了某种距离感，而被赋予一种对于周围单一对象的看法。这样的抽象画作业，在你们两人的建筑创作方法当中不也是存在的吗？

妹岛　或许真的是这样呢。虽然也有对于现代建筑的抽象性的批判，不过建筑本来就是被当成非自然的东西而被制造出来的吧。我认为随着不同的时代来思考该怎么进行抽象化才适合，就某种程度上来说，这不也是对于建筑的思考吗？然后，一边思考着和自然，或者说和环境之间该构筑起什么样的关系的存在物，并同时思考着建筑，这是非常有趣的。

长谷川　原来如此。听着你们所谈的这些内容，虽然并不知道那是有意识的还是无意识的，不过感觉上，我认为你们在处理空间本身的量体的问题，与位于内部的人们的体验等这些事情的分析方法上，的确开创出了一道崭新的地平线。

今天能够来到这里，我觉得非常幸福。西泽先生说鬼石案很厉害的理由我终于明白了。谢谢你们。

——于鬼石多目的演艺厅

"T–project" 内部

西泽立卫建筑设计事务所木屋 "Weekend House" 1999 年

西泽立卫建筑设计事务所 "T-project" 外观

后记

这个计划，最初并不是以对谈集的形式来处理的，其架构应该说是比较像访谈集一类的东西。我在这当中成为访谈者，针对设计的技术与手法等，向各个建筑家进行讨教。只不过后来在进行各种议论的过程中，方向性渐渐有了改变。同样是建筑家在进行议论的场合，设计手法当然会是重要的题目，不过与其只限定在操作手法的讨论之上，还不如把方向设定得稍微再广一些，将空间的、社会的以及更加全盘性的议题都带进来做更广泛的讨论或许会是更有趣的吧，整个过程就在这样的反复讨论之下开始呈现出明确的方向，而最后就如同在这里所呈现出来的，成了所谓的"对谈集"的形式。其实本来还想和各式各样的人们进行对谈，但基于各种状况而使得最后的可行人数很有限，所以才拜托了到目前为止都尚未做过一对一对谈的建筑家们来参与这个企划。

登场的对谈者总共有六位，从去年［2008 年］的春天到今年［2009 年］的春天为止，是跨越一整年的连续对谈。现在重新回来读，结果发现或许是因为对谈都集中在某个期间吧，所以内容有若干的重复，看起来多少会有同样的议论不停地被反复进行的地方。原本是想要进行修正的，不过像这样的连续对谈的内容具有连续性或反复，感觉上也是很自然的事，最后就让它这样原汁原味地呈现。只不过，在这里登场的每一位建筑家都非常有个性，而且都有充满魅力的思想，因此即便我到处像鹦鹉般地重复着大致相同的话题，但在感觉上每一场对谈都有相当丰富的内涵。这是每一位对谈者的力量所赐予的宝物。在这里想借由这篇后记来表达对他们的诚挚谢意。

通过本次对谈，我思考了非常多的事情，每一次都真的非常有趣。各个对谈者的发言也都相当充满启示性。

最初的原广司先生，是我从学生时代开始就非常尊敬，并持续深受其影响的建筑家。原先生的语言经常指引了未来，同时也带有恢弘的规模与尺度。另一方面，也带有一种让人家觉得"原来是该用这样的一个尺度来讨论"的那种说服力。在本次的对谈中，原先生偶尔会有"是这样吧，啊，不对噢，是那样吧，不不不"这样的自我问答，不断地反刍，对于自己所感受到的某种无形的东西，试图赋予它语言形式的那个姿态让我深受感动。此外，在最后，原先生提到"带有理念的东西是很了不起的"这一点，也成了我难忘的记忆。

伊东丰雄先生也是我一直以来就持续地受其影响的建筑家。伊东先生的话语真挚而易懂，总是带有令人瞠目结舌的敏锐性。那些作为建筑的话语，也经常让他自己的生活方式成为问题。毫不避讳的是，身为建筑家的生存方式与价值观是这个问题的核心。建筑就这样成了他的生活方式，同时也是其精神所在，这一点总在每次与伊东先生的讨论中让我有了痛烈的感受。这一次与其说几乎都是建筑的讨论，还不如是针对"你是怎么活着"的那种充满批判性的对谈。能够把我批判到这种程度的人就只有伊东先生，因此是一场让我再一次认识伊东先生是多么重要的存在的一场对谈。

藤本壮介先生是现在的年轻世代中最为活跃的一个人。在藤本先生的话语当中，有着一股找寻应该面对的方向的某种近似本能般的力量。而我在听了之后也觉的确是那样而被说服，其话语具有粗犷的力量。就算做的建筑并不一样，但是作为生活在同一个时代的创作伙伴的立场而言，思考的事情也有很多部分具有同感，对谈中的气氛也相当热烈，后来才发现是这次对谈当中最长的一场对谈。

石上纯也先生也是同样的年轻世代中非常突出的存在，因着原本是一起工作的同事而觉得非常靠近的缘故，因此是我觉得最为轻松愉快的一场对谈。感觉上我似乎相当不客气地问了他各种类似在找碴似的问题。在石上先生的话语中，我感觉到了某种新的感受性与世界观之类的东西。我原本认为和石上先生之间拥有的共同观点该是最多的，不过对谈中的每一句话，都让我感觉到充满了全新的认识。

妹岛和世先生虽然是我的师父与共同设计者，然而此前从来都没有在公开场合进行过对谈，因而试着拜托她参与这次的对谈。和妹岛先生可以说每天都在谈，而且由于从头到尾已经横跨将近二十年的时间一直都持续着建筑的议论，所以我对她肯定是相当了解的才对，然而她却是个当我每次问到某些事情时，都会对我丢回令人惊讶不已的"巨大块状物"[质疑／反问之意] 的人。她的回答就像是一口气将事物一刀两断，并且是个几乎无法再有任何改变的回答，所以我虽然喜欢问妹岛先生问题，但同时也感到很恐怖。

长谷川佑子小姐是我从很久以前就非常尊敬的美术界专家，她和妹岛先生在某些地方有着类似战友般的所在，这次刚好前往鬼石进行参观，因此就顺道邀请她参与了。长谷川小姐说话总是如同机关枪般速度超快，非常难懂的单字与成语就如同从天而降的大雨般，让我觉得相当吃力，然而却是非常直接地能够把内容传达过来，让我觉得很不可思议。她们的说话方式在具备逻辑的同时也带有某种感性的成分，我想她们的感受性与知性可以说是彻头彻尾浑然一体的吧。

不过仔细想了一想之后，觉得邀请参加本次对谈的每一位都是这样的。在看着自己反复自我提问的原先生，让我重新感受到了"感觉"这个原始的本能与"语言化"这个逻辑性的技术应该相辅相成的重要性。

对于给我这个宝贵机会，以及经常性地给予我确切启示的彰国社的神中智子小姐，在此致上由衷的感谢。

西泽立卫

2009 年 6 月 19 日　于东京

照片、图片版权

译后记

我一直以来对西泽立卫的建筑是有浓厚兴趣的。

自从我受原广司之离散建筑论的洗礼之后，我就为西泽立卫于2005 年所设计的森山邸里头那股若即若离的气氛与空间的关系性深深着迷。因此当我在日本的书店看到西泽立卫的这本书刚上市时［2009 年 8 月］，我就迫不及待地开始进行阅读与翻译成繁体中文版的作业了。

在本书内容中占有重要角色的森山邸，可以说是西泽立卫之建筑创作生涯中的重要转折点。他个人也因着这个划时代的住宅建筑案而走出了人们对于他所带有的"妹岛和世共同设计者"这个刻板印象，开始有了其个人设计性格上的识别与自明性。巧的是就在这之后，SANAA 的建筑成就也的确展现了飞跃性的成长与惊

人的爆发力 [陆续在欧美取得或完成重要的建筑案 [1]]。SANAA
能在 2010 年取得普利兹克建筑奖这个建筑界的极致桂冠，实是
一个水到渠成的结果。我个人认为于 2010 年 3 月份完工的劳力
士学习中心毫无疑问是这个胜利乐章的前奏。

本书的翻译工作在今年夏天紧锣密鼓的进行之下，终于让我赶在
前往威尼斯观摩由妹岛和世所策展、西泽立卫也有着重要展出的
第十二届威尼斯建筑双年展的前夕顺利完稿交件。除了亲眼一睹这
对建筑界之最佳拍档的风采之外，其实我最期待的还是想在看完
双年展前往巴黎的路上，顺道前往位于瑞士洛桑 [Lausanne] 的
瑞士联邦理工大学劳力士学习中心 [2010 年，SANAA] 进行 21
世纪超现代建筑的"朝圣"。我其实原本是要刻意忍耐到现场去好
好地体验一下这栋划时代的建筑作品，然而在威尼斯的造船厂展区
[Aresenale] 的第二个展间中，不料在妹岛和世透过维姆·文德斯
的精心安排下，我"不慎"通过 3D 影片先睹为快了。除了被置身在
劳力士学习中心当中的人们那股几乎身心灵与建筑结合并深刻地享
受着空间的情景所感动之外，当画面中出现妹岛与西泽一起骑着先
进的二轮并置行动器缓缓地进到劳力士学习中心里来时，曾经留学
东大长达 4 年半而对日本有着深刻情感的我不禁激动得落泪。

---

1 包括在美国纽约的新美术馆、德国鲁尔地区的矿业同盟设计管理学院、法国卢浮
   宫朗斯分院等极具指标性的建筑设计案。

这个劳力士学习中心的过人之处，我想光是从外观就极具震撼力与说服力了。整"片"建筑就那样地蜷曲起来，活像是一片刚刚削切下来的、布满发酵孔洞的新鲜奶酪。建筑体上的开放性孔洞饶富趣味，并具有极大的图腾性与象征性而得以成为该建筑的重要识别。在这栋供学生长时间作息的多功能建筑物的设计之初，妹岛为了避免将入口开在任何一侧所形成的建筑正背面而可能在使用上引起不均质状况，因此特别让建筑量体的四个面向上都弯曲隆起而产生与地表之间的细缝，使人们可以从四面八方穿过这些缝隙而从设置在中央孔洞的主入口来进入这栋建筑。内部空间也因着建筑量体的弯曲所形成的隆起与低陷分成四大区域，并通过家具来定义这个超巨大单一空间中的区隔及用途 [包括集会厅、图书馆、阅览室、休息区、餐厅、轻食吧等]，而具备完整的学习与生活上的机能。人们除了可以自由自在地找到自己觉得舒适的阅读空间之外，疲累之余来到室内隆起的高处邻近的优雅湖畔景致一览无遗。这个几乎完全开放并与外部自然和谐共存的空间中，人们可以找到自己想做的事，并且以闲适而放松的姿势窝在任何想待的地方 [有的地方甚至还放了大量无印良品的软骨头沙发，真不愧是"日本制造"]。置身现场的我，深刻地体会到建筑的开放性为人的空间经验带来前所未有的舒畅。而我也仿佛看见了这栋建筑对妹岛为本届威尼斯建筑双年展所下的主题"People Meet in Architecture"做出了呼应："人们来到这里相聚，发掘了他们与建筑之间的联结与各种可能性"。

在和劳力士学习中心有着类似初恋与心动感觉的同时，我不得不想起与劳力士学习中心有着类似空间经验的、由伊东丰雄所设计的仙台媒体馆。和仙台煤体馆一样有着绝佳开放性与透明性的劳力士学习中心，与仙台煤体馆共享了空间内外互涉与交融这个前卫空间论上的共同价值——仙台煤体馆以 13 根有机形体的管柱将外部空间的元素与成分贯穿于建物内部，而劳力士学习中心则用位于建筑体上的 14 个大小不一的弯曲孔洞来产生与外部空间的联系——那是对于空间内外境界之消融的尝试，也是创造出"内部空间中的外部空间"这类带有辩证性的空间关系来挑战建筑原始定义所作的努力。虽然两者就结果论上都借由空间的开放性与自由度成功地创造了流动性的空间，然而我认为劳力士学习中心比仙台煤体馆更胜一筹的部分在于仙台煤体馆虽然有了 13 根形状互异的摇曳管柱而得以在无机的几何方体中呈现出有机的形态，然而其楼地板与墙仍旧是维持了现代建筑很强烈的水平垂直性格而具有其局限性；然而劳力士学习中心的建筑本体就直接地摇曳摆动了起来，弯曲起伏的地板与天花板更直接地创造了流动性的地景与空间，同时也借由建筑本体这个弯曲的板结构而成功利用了到处上下起伏的这个特性，让量体的某些部分巧妙地转化为接地的支点，而成功地刻画出既结构又空间、既地景又流动的前卫建筑造型。

其实最早提出类似结构概念的该数伊东丰雄台中大都会歌剧院一

案中，结合了水平与垂直向度的 3D 曲面墙，但就因好事多磨而使得工期延宕，反而使劳力士学习中心的 2D 曲面地板 + 天花板的结构率先完工，或许也因此妹岛与西泽所创造的这份震撼使得他们得以比伊东更早一步赢得建筑界桂冠的普利兹克建筑奖吧。

无论是 SANAA 的成名作——如同一架纯白色飞碟的金泽 21 世纪美术馆也好，西泽立卫个人于森山邸与 House A、十和田市立美术馆中奇想天外的空间提案也罢，甚或是位在日本濑户内海艺术村落中之丰岛艺术馆与地景巧妙融合的水滴造型与上述的这栋置身于瑞士莱芒湖畔、犹如外层空间飞碟的前卫新建筑劳力士学习中心，可以说都是西泽立卫与妹岛和世联手突破建筑既有的思考框架所创造出来的、既优雅又前卫的建筑奇迹。这些成就终于让日本在国际建筑领域达到了前所未有的高峰。

于是，或许我们可以说，这份大无畏的前卫性实验精神与无穷的创造力，便是日本当代建筑家对于世界所作出的最大贡献。

谢宗哲